Problemas da Física Moderna

Coleção Debates
Dirigida por J. Guinsburg

Equipe de realização – Tradução: Gita K. Guinsburg; Revisão: Geraldo Gerson de Souza; Produção: Ricardo W. Neves e Sergio Kon.

max born
pierre auger
erwin shrödinger
werner heisenberg

PROBLEMAS DA FÍSICA MODERNA

PERSPECTIVA

Título do original italiano
Discussione sulla fisica moderna

A edição original foi publicada pelas EDITIONS DE LA BACONNIÉRE, Neuchâtel (Suíça), sob o título "Collections des Rencontres de Genève".

Dados Internacionais de Catalogação na Publicação (CIP)
(Câmara Brasileira do Livro, SP, Brasil)

Problemas da física moderna / Max Born...[et al.] ;
[tradução Gita K. Guinsburg]. – 3. ed. –
São Paulo : Perspectiva, 2017 . – (Debates ; 9 /
dirigida por J. Guinsburg)

Outros autores: Pierre Auger, E. Schrödinger,
W. Heisenberg.
Título do original italiano: Discussione sulla
fisica moderna.
ISBN 978-85-273-0224-1

1. Física 2. Física nuclear I. Born, Max,
1882-1970. II. Auger, Pierre, 1899-. III.Shrödinger,
Erwin, 1887-1961. IV. Heisenberg, Werner, 1901-1976.
V. Guinsburg, J.. VI. Série.

04-5453   CDD-539.7

Índices para catálogo sistemático:
1. Física nuclear 539.7

3ª edição
[ppd]

Direitos reservados em língua portuguesa à
EDITORA PERSPECTIVA LTDA.

Av. Brigadeiro Luís Antônio, 3025
01401-000 – São Paulo – SP – Brasil
Telefax: (0-11) 3885-8388
www.editoraperspectiva.com.br

2019

SUMÁRIO

1. A descoberta de Planck e os problemas filosóficos da física atômica — *W. Heisenberg* 9

2. Discussão da palestra de W. Heisenberg .. 29

3. A nossa imagem da matéria — *E. Schrödinger* 45

4. Reflexões de um cientista europeu — *Max Born* 67

5. Os métodos e limites do conhecimento científico — *Pierre Auger* 91

OS INTERLOCUTORES
DESTE DEBATE

WERNER HEISENBERG (1901-1976) ganhou o Prêmio Nobel em 1932 por sua contribuição ao desenvolvimento da mecânica quântica. Tornou-se particularmente conhecido pela formulação do Princípio da Incerteza, segundo o qual é impossível determinar simultânea e exatamente a posição e a velocidade de uma partícula. Esteve à testa do Instituto de Física Kaiser Guilherme de Berlim, dirigindo atualmente o Instituto de Física e Astrofísica Max Planck em Munique.

MAX BORN (1882-1970) foi co-laureado do Prêmio Nobel em 1954 por seus estudos estatísticos sobre funções de onda. Seus escritos de divulgação científica tornaram o seu nome familiar ao público leitor do mundo inteiro. Nasceu em Breslau e lecionou Física em Göttingen, Berlim e Frankfurt-am-Main. Abandonou a Alemanha nazista em 1933, e lecionou em Cambridge e Edimburgo. Naturalizou-se inglês em 1939, voltando depois da Segunda Guerra Mundial à Alemanha, onde reside em Bad Pyrmont.

ERWIN SCHRÖDINGER (1887-1961) foi co-laureado do Prêmio Nobel de 1933 por seu trabalho sobre mecânica quântica ondulatória e suas aplicações à estrutura atômica. Nasceu e educou-se em Viena, sucedendo a Max Planck como professor de Física na Universidade de Berlim em 1927. Lecionou em Dublim em 1940 e retornou a Viena em 1956.

PIERRE AUGER (1899-   ) chefiou o Comitê Francês de Pesquisa Espacial desde 1960 e é o secretário-geral do Centro Europeu de Pesquisa Espacial. De 1948 a 1958 foi diretor do Departamento de Ciências Naturais da UNESCO. São conhecidos os seus estudos sôbre raios X, nêutrons, raios cósmicos e sobre a filosofia da ciência.

A DESCOBERTA DE PLANCK
E OS PROBLEMAS FILOSÓFICOS
DA FÍSICA ATÔMICA

Numa conferência mundial de energia atômica, tal como a que ora se realiza aqui em Genebra, onde consideramos a enorme quantidade de trabalho dedicado ao desenvolvimento da física atômica nos mais diversos países, onde ouvimos falar de centenas de projetos que tentam aplicar a fins industriais os resultados teóricos da física atômica, corremos o risco de omitir, na massa dos pormenores, o fato de que o nosso objetivo hoje é resolver problemas que a humanidade enfrenta de há muito e que o trabalho teórico de nossa época se relaciona com os esforços empreendidos pelo homem há milhares de anos. Hoje falaremos dessas amplas conexões históricas. À primeira vista, interessam indubitavelmente mais ao historiador do que ao físico, mas, quando o físico reflete, também ele pode observar certos princípios orientadores que lhe permitem introvisões valiosas em seus próprios problemas atuais.

A física moderna e, em especial, a teoria quântica descoberta por Planck, cujo centenário de nascimento se comemora neste ano, levantou uma série de questões muito gerais, concernentes não só a problemas estritamente físicos, como também relacionados ao método das ciências naturais exatas e à natureza da matéria. Tais questões levaram o físico a reconsiderar os problemas filosóficos que pareciam estar definitivamente resolvidos no estreito quadro da física clássica.

Dois grupos de problemas, em particular, foram novamente colocados em pauta pela descoberta de Planck, e eles constituirão o nosso tema.

Um deles se refere à essência da matéria ou, mais exatamente, à velha questão dos filósofos gregos de como é possível reduzir a princípios simples a variedade e a multiplicidade dos fenômenos que envolvem a matéria e assim torná-los inteligíveis. O outro diz respeito a um problema epistemológico que, desde Kant, em particular, foi suscitado repetidas vezes: até onde é possível objetivar as nossas observações da natureza — ou a nossa experiência sensorial em geral — ou seja, determinar, a partir dos fenômenos observados, um processo objetivo independente do observador. Kant falou da "coisa em si". Mais tarde foi muitas vêzes acusado, mesmo do ponto de vista filosófico, de inconsistência neste conceito da "coisa em si" em sua filosofia. Na teoria quântica, o problema do fundo objetivo dos fenômenos surgiu numa forma nova e muito surpreendente. Tal questão pode, por conseguinte, ser

10

também retomada a partir das ciências naturais modernas.

1. Hoje cuidaremos em primeiro lugar dos problemas no reino da filosofia natural provenientes da busca de um entendimento unificado dos fenômenos materiais. Os filósofos gregos, meditando à base dos fenômenos visíveis, defrontaram-se com a questão das menores partículas de matéria. O resultado dessa busca foi que, ao fim desse período do pensamento humano, existiam dois conceitos opostos que exerceram a mais poderosa influência no desenvolvimento ulterior da filosofia. Tais conceitos foram rotulados de "materialismo" e "idealismo".

A teoria atômica fundada por Leucipo e Demócrito considerava as menores partículas de matéria como "aquilo que existe" no sentido mais estrito. Tais partículas foram consideradas indivisíveis e imutáveis. Eram eternas e unidades últimas; por isso eram chamadas átomos e não necessitavam nem tinham qualquer explicação ulterior. Não possuíam outras propriedades que não as geométricas. Segundo os filósofos, os átomos eram dotados de uma forma definitiva. Estavam separados entre si pelo espaço vazio e, graças às diferentes posições e movimentos neste espaço vazio, podiam produzir uma ampla variedade de fenômenos, mas não tinham cor nem cheiro ou sabor, e muito menos temperatura ou outras propriedades físicas, que nos são familiares. As propriedades das coisas por nós percebidas eram provocadas indiretamente pelos arranjos e movimentos diversos dos átomos. Exatamente como a tragédia e a comédia podem ser escritas com as mesmas letras, também os mais variados acontecimentos no universo podem, segundo a doutrina de Demócrito, ser realizados pelos mesmos átomos. Esses átomos constituíam, portanto, o verdadeiro núcleo objetivamente real da matéria e assim de todos os fenômenos.

11

Eram, como já afirmei antes, "aquilo que existe" no sentido mais estrito, enquanto a grande variedade de fenômenos só indiretamente decorria dos átomos. Por essa razão tal conceito era chamado materialismo.

Para Platão, de outro lado, as menores partículas de matéria são, por assim dizer, apenas formas geométricas. Considera as menores partículas dos elementos idênticas aos corpos regulares da geometria. Como Empédocles, admite que os quatro elementos são terra, água, ar e fogo. Concebe as menores partículas do elemento terra como cubos, e as menores partículas do elemento água como icosaedros; identicamente, imagina como tetraedros as partículas elementares do fogo e, como octaedros, as do ar. A forma é característica para as propriedades do elemento. Em contraste com Demócrito, em Platão as partículas menores não são inalteráveis ou indestrutíveis; ao contrário, podem ser resolvidas em triângulos ou ser reconstruídas a partir de triângulos. Nessa teoria, portanto, elas já não são denominadas átomos. Os próprios triângulos deixam de ser matéria, pois não possuem dimensões espaciais. Assim, em Platão, no limite mais baixo das séries das estruturas materiais, não mais existe efetivamente algo material, mas uma forma matemática, se preferirdes, uma construção intelectual. A raiz última a partir da qual o mundo pode ser uniformemente inteligível é, segundo Platão, a simetria matemática, a imagem, a idéia; esse conceito é, portanto, denominado idealismo.

É digno de nota que essa velha questão do materialismo e idealismo tenha surgido novamente numa forma bem definida, graças à física atômica moderna e, particularmente, à teoria quântica. Antes da descoberta do quantum de ação de Planck, as modernas ciências naturais exatas, a física e a química, eram orientadas segundo um ponto de vista materialista. No século XIX os átomos da química e os seus constituin-

12

tes, hoje denominados partículas elementares, eram considerados os únicos entes efetivamente existentes, o substrato real de toda a matéria. A existência dos átomos dispensava qualquer explicação ulterior.

Entretanto, Planck descobriu nos fenômenos de radiação uma qualidade de descontinuidade que parecia relacionada de modo surpreendente com a existência de átomos, mas, por outro lado, não poderia ser explicada com base na existência destes.

Semelhante característica, revelada pelo quantum de ação, conduziu à idéia de que a descontinuidade, assim como a existência do átomo, poderiam ser manifestações conjuntas de uma lei fundamental da natureza, de uma estrutura matemática na natureza, e que a sua formulação poderia conduzir a uma compreensão unificada da estrutura da matéria, que os filósofos gregos haviam procurado. A existência dos átomos, por conseguinte, não constituía, talvez, um fato último, incapaz de explicação ulterior. Essa existência poderia ser atribuída, como em Platão, à ação de leis da natureza matematicamente formuláveis, isto é, ao efeito de simetrias matemáticas.

A lei da radiação de Planck também difere de modo bem característico das leis da natureza previamente formuladas. Embora as leis anteriores da natureza, por exemplo, a mecânica newtoniana, contivessem as chamadas constantes, essas constantes se referiam às propriedades dos objetos, por exemplo, à sua massa ou à intensidade da força que atua entre dois corpos ou a algo semelhante. Por outro lado, o quantum de ação de Planck, que é a constante característica na sua lei de radiação, não representa propriedade de objetos, mas propriedade da natureza. Estabelece uma escala na natureza e demonstra ao mesmo tempo que, sob condições onde os efeitos são muito grandes em comparação com o quantum de ação de

Planck (como ocorre em todos os fenômenos da vida quotidiana), os fenômenos naturais tomam um caminho diferente em relação aos casos em que os efeitos são da ordem do tamanho atômico, ou seja, do quantum de Planck. Enquanto as leis da física anterior, por exemplo, da mecânica newtoniana, seriam no fundamental igualmente válidas para todas as ordens de grandeza (o movimento da Lua em torno da Terra deve obedecer às mesmas leis que a queda de uma maçã da árvore ou o desvio de uma partícula alfa que rasa o núcleo de um átomo), a lei da radiação de Planck prova pela primeira vez que há escalas na natureza e que fenômenos em diferentes graus de grandeza não são necessariamente do mesmo tipo.

Poucos anos após a descoberta de Planck, já se compreendera o significado da segunda "constante de medida". A teoria da relatividade restrita de Einstein deixou claro aos físicos que a velocidade da luz não descrevia, como se pressupunha antes na eletrodinâmica, a propriedade de uma substância especial — "éter" — suporte da propagação da luz, mas que nela estava · envolvida uma propriedade do espaço e do tempo, ou seja, uma propriedade geral da natureza não-relacionada de modo algum a objetos particulares ou coisas na natureza. Assim, pode-se também considerar a velocidade da luz como uma constante de medida da natureza.

Nossos conceitos intuitivos de espaço e de tempo podem ser aplicados somente àqueles fenômenos que envolvem pequenas velocidades com respeito às velocidades da luz. Inversamente, os bem conhecidos paradoxos da teoria da relatividade baseiam-se no fato de que fenômenos que envolvem velocidades próximas à da luz não podem ser adequadamente interpretados de acordo com o nosso conceito normal de espaço e tempo. Permiti que vos lembre o conhecidíssimo

14

paradoxo dos relógios — que para um observador em rápido movimento o tempo, aparentemente, se move mais devagar do que para um observador parado. Depois de aclarada a estrutura matemática da teoria da relatividade restrita, tornou-se logo possível, na primeira década deste século, analisar o significado físico dessas relações matemáticas. Isto foi feito de modo tão cabal que abriu possibilidades ao completo entendimento dos aspectos da natureza conectados com a velocidade da luz como constante de medida. As muitas discussões em torno da teoria da relatividade evidenciaram claramente que conceitos nossos profundamente arraigados dificultaram a compreensão da teoria, mas as objeções foram rapidamente superadas.

2. Era, entretanto, muito mais difícil compreender as relações físicas ligadas à existência do quantum de ação de Planck. Segundo um artigo de Einstein, de 1918, parecia provável que as leis da teoria quântica, de um modo ou de outro, implicassem relações estatísticas. Mas a primeira tentativa de estudar por inteiro a natureza estatística das leis da teoria quântica foi realizada em 1924 por Bohr, Kramers e Slater. As relações entre os campos eletromagnéticos, considerados antes como propagadores da luz na física clássica desde Maxwell, e as descontínuas, isto é, sob a forma de quantum, absorção e emissão de átomos, tais como postuladas por Planck, foram interpretadas da seguinte maneira: O campo das ondas eletromagnéticas, de que dependem evidentemente os fenômenos de interferência e difração, determina apenas a probabilidade segundo a qual um átomo absorverá ou emitirá energia luminosa por quanta no espaço em consideração. O campo magnético não mais era tido como um campo de força que atuasse sobre a carga elétrica do átomo e provocasse o movimento. A sua ação ocorre mais indiretamente: o campo determina

15

apenas a probabilidade de ocorrência da emissão ou da absorção.

Mais tarde, verificou-se que tal interpretação não era de todo exata. As relações efetivas ainda eram algo incertas; pouco depois foram formuladas corretamente por Born. Não obstante, o trabalho de Born, Kramers e Slater continha o conceito decisivo de que as leis da natureza determinam não a ocorrência de um evento, mas a probabilidade de um evento verificar-se, e que a probabilidade deve estar ligada a um campo de onda que obedeça a uma equação de onda matematicamente formulável.

Tratava-se de um passo decisivo para além da física clássica; basicamente usou-se um conceito que desempenhou um papel importante na filosofia de Aristóteles. As ondas probabilísticas de Born, Kramers e Slater podem ser interpretadas como uma formulação quantitativa do conceito de *dynamis,* possibilidade, ou na versão latina posterior, *potentia,* na filosofia de Aristóteles. A concepção de que os eventos não estão determinados de modo peremptório, mas que a possibilidade ou a "tendência" para que um evento ocorra apresenta uma espécie de realidade — uma certa camada intermediária de realidade, meio caminho entre a realidade maciça da matéria e a realidade intelectual da idéia ou a imagem — este conceito desempenha um papel decisivo na filosofia aristotélica. Na teoria quântica moderna, tal conceito assume nova forma; é formulado quantitativamente como probabilidade e sujeito a leis da natureza que são expressas matematicamente. As leis da natureza formuladas em termos matemáticos não mais determinam os próprios fenômenos, mas a possibilidade de ocorrência, a probabilidade de que algo ocorrerá.

Tal introdução de probabilidade correspondia, a princípio, a uma situação muito próxima da encontrada nas experiências com fenômenos atômicos. Se o físico determina a intensidade da radiação radiativa medindo a freqüência com que esta radiação ativa o tubo num dado tempo, ele admite implicitamente que a intensidade da radiação radiativa regula a probabilidade de resposta do medidor. O intervalo de tempo exato entre impulsos não interessa ao físico — afirma que os mesmos estão estatìsticamente distribuídos. O que importa é apenas a freqüência média dos impulsos.

O fato dessa interpretação estatística reproduzir exatamente a situação experimental foi comprovado em muitas investigações. A Mecânica Quântica obteve também confirmação exata em experimentos que possibilitaram uma evidência quantitativa, por exemplo, acerca do comprimento de onda das linhas espectrais ou da energia de ligação de moléculas. Não pode haver dúvidas quanto à correção da teoria.

O problema da compatibilidade dessa interpretação estatística com o grande cabedal de experiências coligidas na chamada física clássica era, entretanto, mais difícil. Todas as experiências dependem de uma relação inequívoca entre a observação e os fenômenos físicos em que ela se baseia. Se, por exemplo, medimos a linha espectral de uma freqüência definida com uma grade de difração, tomamos como dado que os átomos da substância radiante devem ter emitido luz com essa freqüência. Ora, se uma chapa fotográfica é escurecida, supomos que ela foi atingida naquele ponto por raios ou partículas de matéria. Destarte, a física, coligindo dados experimentais, utiliza-se da determinação inequívoca dos eventos e assim encontra-se, aparentemente, como que oposta à situação experimental no campo atômico e à teoria quântica. É precisamente neste ponto que é posta em causa a inequívoca determinação dos eventos.

17

Essa aparente contradição interna é eliminada na física moderna ao se estabelecer que a determinação dos fenômenos existe apenas na medida em que são descritos com os conceitos da física clássica. A aplicação desses conceitos é, por outro lado, limitada pelas chamadas relações de incerteza; essas contêm dados quantitativos sobre os limites estabelecidos para a aplicação dos conceitos clássicos. Assim, o físico conhece os casos em que pode considerar os eventos como determinados e aqueles em que não o pode; conseqüentemente, pode utilizar um método isento de contradições intrínsecas para a observação e a sua interpretação física. É claro, surge a questão: por que ainda é necessário usar conceitos da física clássica? Por que não é possível transformar toda a descrição física em um novo sistema de conceitos baseados na teoria quântica?

No caso, é preciso, antes de tudo, sublinhar, como fez von Weizsäcker, que os conceitos da física clássica desempenham um papel na interpretação da mecânica quântica semelhante ao que representam, na filosofia kantiana, as formas de percepção *a priori*. Assim como Kant expõe os conceitos de espaço e tempo ou causalidade aprioristicamente, pois eles já constituíam as premissas de todas as experiências e por conseguinte não poderiam ser considerados como o resultado da experiência, também os conceitos da física clássica formam uma base *a priori* para os experimentos da teoria quântica, uma vez que podemos realizar experiências no campo atômico utilizando apenas esses conceitos da física clássica.

É verdade que, mediante uma concepção desse tipo, retiramos do *a priori* de Kant certa pretensão de absoluto que apresentava na filosofia kantiana. Enquanto Kant ainda podia pressupor que as nossas formas de percepção *a priori* do espaço e tempo devem

18

constituir para sempre uma base inalterável da Física, sabemos que esse não é o caso de modo algum. Por exemplo, a completa independência do espaço e tempo na natureza, que concebemos como algo incontestável, na realidade não existe, como demonstram observações extremamente precisas. Nossas formas de percepção, embora *a priori*, não se adaptam às observações dos eventos que sucedem a velocidades próximas à da luz, observações que só se podem efetuar mediante um equipamento técnico muito acurado. Nossas assertivas acerca do espaço e do tempo devem, portanto, diferir, conforme nos refiramos às nossas percepções inatas *a priori* ou àqueles planos de ordem existentes na natureza, independentes da observação humana, em que as ocorrências objetivas no mundo parecem algo deformadas. De modo semelhante, embora a física clássica seja o fundamento *a priori* da física atômica e da teoria quântica, ela não é correta em tudo; ou seja, há largas áreas de fenômenos que não podem ser descritos nem mesmo aproximadamente pelos conceitos da física clássica.

Nesses campos da física atômica boa parte da antiga física intuitiva fica por certo perdida. Não apenas a aplicabilidade dos conceitos e leis da mencionada física, mas toda a representação da realidade que serviu de base às ciências naturais exatas até a época atual da física atômica. Com a expressão "representação da realidade" designamos aqui o conceito de que há fenômenos objetivos que ocorrem de maneira definida no espaço e no tempo, sejam ou não observados. Na física atômica, as observações não podem mais ser objetivadas de uma maneira tão simples; isto é, não é possível referi-las a algo que se verifica objetivamente ou de modo descritível no espaço e tempo. Resta acrescentar que a ciência da

19

natureza não lida com a própria natureza, mas de fato com a *ciência* da natureza, tal como o homem a considera e descreve.

Isso não introduz um elemento de subjetividade na ciência natural. Não pretendemos de forma alguma que as ocorrências no universo dependam de nossas observações, mas assinalamos que a ciência natural se encontra entre a natureza e o homem e que não podemos renunciar ao uso da intuição humana ou das concepções inatas. Semelhante caráter da teoria quântica já torna difícil seguir inteiramente o programa da filosofia materialista e descrever as menores partículas de matéria, as partículas elementares, como a realidade verdadeira. À luz da teoria quântica, tais partículas elementares não são mais reais no mesmo sentido que os objetos da vida quotidiana, árvores ou pedras, mas se apresentam como abstrações derivadas da matéria real da observação, no verdadeiro sentido. Mas, se se faz impossível atribuir às partículas elementares tal existência no sentido mais genuíno, mais difícil ainda se torna considerar a matéria como "verdadeiramente real". Por isso, dúvidas ocasionais foram levantadas nos últimos anos, a partir do campo do materialismo dialético, contra a atual interpretação costumeira da teoria quântica.

Uma interpretação fundamentalmente diversa não poderia, é claro, nem mesmo ser proposta por essa corrente. Gostaria de mencionar apenas uma tentativa de nova interpretação. Representou uma tentativa de estabelecer que o fato de uma coisa — por exemplo, um elétron — pertencer a uma coletividade, isto é, a uma coleção de elétrons, é um fato objetivo que nada tem a ver com a questão de ter sido o objeto observado ou não, e, assim, é totalmente independente do observador. Entretanto, tal formulação só se justificaria se a coletividade realmente existisse. Na verdade, porém, lidamos, via de regra, com um único objeto, por exemplo, com aquele único elétron, enquanto que o conjunto existe apenas em nossa imaginação, na medida em que consideramos cada experimento repetido tantas vezes quantas queiramos com aquele único objeto.

Descrever como um fato objetivo a pertinência a um todo coletivo apenas imaginário se nos afigura dificilmente possível. Não podemos portanto evitar a conclusão de que a nossa velha representação da realidade já não é aplicável ao campo do átomo e que nos enredaremos em abstrações assaz intrincadas se tentarmos descrever os átomos como aquilo que é verdadeiramente real. Basicamente falando, podemos dizer que o próprio conceito de "verdadeiramente real" já foi desacreditado pela física moderna, e o ponto de partida da filosofia materialista precisa ser modificado neste particular.

3. Entrementes, nos últimos vinte anos o desenvolvimento da física atômica conduziu-nos para ainda mais longe dos conceitos fundamentais da filosofia materialista na acepção antiga. Experiências mostraram que os corpos que devemos considerar indubitavelmente como as menores partículas de matéria, as chamadas partículas elementares, não são eternos e inalteráveis, como Demócrito supunha, mas podem transmutar-se um no outro. No caso, naturalmente, cumpre primeiro estabelecer as nossas bases para descrever essas partículas elementares como as menores partículas de matéria. Do contrário, .poderíamos acreditar que as referidas partículas se compõem de outros corpos menores, que por sua vez seriam eternos e inalteráveis. Como pode o físico eliminar a possibilidade de que as próprias partículas elementares sejam constituídas de partículas menores, que escaparam à nossa observação por um ou outro motivo?

21

Quero explicar com mais pormenores a resposta dada pela física moderna a essa pergunta, pois ressalta o caráter não-intuitivo da moderna física atômica. Para apurar experimentalmente se uma partícula elementar é simples ou complexa, é necessário, sem dúvida, tentar rompê-la com os meios mais poderosos de que dispomos. Naturalmente, não há facas ou instrumentos com que possamos atacar as partículas elementares; a única possibilidade que resta é fazer com que as partículas colidam entre si com grande energia para verificar se elas se cindem.

Os maiores aceleradores, que atualmente se acham em operação em muitas partes do mundo ou ainda em construção, servem para este preciso propósito. Uma das maiores máquinas do gênero, todos sabem, está sendo construída pela organização européia CERN aqui em Genebra. Com tais máquinas é possível acelerar partículas elementares a velocidades extremamente altas (na maioria dos casos empregam-se prótons) e fazê-los colidir com partículas elementares de qualquer outro material usado como recipiente. Os resultados de semelhantes choques são então estudados, caso por caso. Embora ainda precisemos recolher muito material experimental sobre os resultados dessas colisões antes de esperarmos estar totalmente esclarecidos sobre esse ramo da física, não obstante, agora mesmo é possível descrever qualitativamente o que sucede em tais processos de colisão.

Descobriu-se que a cisão pode ocorrer, sem dúvida. Às vezes, de um choque desse tipo origina-se um grande número de partículas e, de um modo surpreendente e paradoxal, as partículas oriundas da colisão não são menores do que as partículas elementares que foram rompidas. Elas próprias são novamente partículas elementares. Esse paradoxo tem explicação no seguinte fato: segundo a teoria da rela-

22

tividade, a energia é conversível em massa. As partículas elementares às quais os aceleradores forneceram grande quantidade de energia cinética, com a ajuda dessa energia, conversível em massa, pode gerar novas partículas elementares. Conseqüentemente, as partículas elementares constituem, de fato, as unidades últimas da matéria, ou seja, aquelas unidades em que a matéria se rompe quando são utilizadas forças máximas.

Podemos exprimir esse fenômeno do seguinte modo: Todas as partículas elementares são compostas da mesma substância, isto é, energia. Constituem as várias formas que a energia deve assumir a fim de tornar-se matéria. No caso reaparece o par de conceitos, "conteúdo e forma" ou "substância e forma", da filosofia aristotélica. Energia não é apenas a força que mantém o "todo" em movimento contínuo; é também — como o fogo na filosofia de Heráclito — a substância fundamental de que é feito o mundo. A matéria origina-se quando a substância energia é convertida na forma de uma partícula elementar. Segundo os nossos conhecimentos atuais, há muitas formas desse tipo. Conhecemos cerca de 25 tipos de partículas elementares, e temos boas razões para· crer que todas essas formas são manifestações de certas estruturas fundamentais, isto é, conseqüências de uma lei fundamental matematicamente exprimível da qual as partículas elementares são a solução, assim como os vários estados energéticos do átomo de hidrogênio representam a solução da equação diferencial de Schrödinger. As partículas elementares são, pois, as formas fundamentais que a substância energia deve assumir a fim de converter-se em matéria, e tais formas básicas precisam de algum modo ser determinadas por uma lei fundamental exprimível em termos matemáticos.

23

Essa lei fundamental procurada pelos físicos de hoje deve satisfazer duas condições, ambas imediatamente decorrentes do conhecimento experimental. Nas pesquisas sobre partículas elementares, por exemplo, nas realizadas em grandes aceleradores, obtiveram-se as chamadas regras de seleção para as transformações que ocorrem como conseqüência de colisões ou de desintegração radiativa de partículas. Tais regras, que podem ser formuladas matematicamente por meio de números quânticos adequados, são a expressão direta das propriedades de simetria inerentes à equação fundamental da matéria ou às suas soluções. A lei fundamental deve, pois, conter de alguma forma essas simetrias observadas, ou, como dizemos, representá--las matematicamente.

Em segundo lugar, se concedermos que existe uma tal formulação simples, a equação fundamental da matéria deverá conter, juntamente com as duas constantes, velocidade da luz e quantum de ação de Planck, de que já falamos, pelo menos uma outra constante similar de medida, já que as massas das partículas elementares, por razões puramente dimensionais, só podem provir da equação fundamental quando — afora as conhecidas constantes de medida que já citei — introduzimos no mínimo mais uma. As observações efetuadas sobre núcleos atômicos e partículas elementares sugerem que essa terceira constante de medida deveria ser representada como um comprimento universal, cuja ordem de grandeza alcançaria aproximadamente 10^{-13} cm.

Na lei fundamental da natureza que determina a forma da matéria e destarte as partículas elementares, deve haver três constantes fundamentais. O valor numérico dessas três constantes de medida não mais contém qualquer expressão física. O valor numérico representa antes tão-somente uma expressão

24

ulterior da escala pela qual queremos medir os fenômenos naturais. O núcleo conceitual efetivo da lei fundamental deve, entretanto, ser constituído pelas propriedades matemáticas da simetria que ela representa. As propriedades simétricas mais importantes dessa equação, ainda a descobrir, já são conhecidas com base na experiência. Gostaria de enumerá-las rapidamente. Antes de tudo, a lei fundamental deve conter o chamado grupo de Lorentz, que se pode considerar como uma representação da igualdade do espaço e tempo exigida pela teoria da relatividade restrita. Além disso, a equação fundamental precisa ser pelo menos aproximadamente invariável com respeito ao grupo das transformações que podem ser descritas matematicamente como o grupo unitário das transformações de duas variáveis complexas. A base física dessa propriedade de transformação é um número quântico descoberto experimentalmente há mais de vinte anos, o qual diferencia os nêutrons dos prótons e que agora é conhecido em geral sob o nome de iso-spin. Nos últimos anos, os trabalhos de pesquisa de Pauli e Gürsey provaram que é possível representar o referido número quântico pela transformação matemática acima mencionada. Há, além disso, outras propriedades de grupos, simetria especular no espaço e tempo, a cujo respeito, todavia, não nos podemos alongar.

Até aqui, uma única proposta, no tocante à equação fundamental da matéria, satisfaz as condições acima mencionadas e, ademais, é muito simples. A equação de onda não-linear, a mais simples e a mais simétrica para um operador de campo considerado como espinor, satisfaz exatamente as condições estabelecidas. Se isso expressa, na realidade, a formulação correta da lei natural, só nos próximos anos será determinado com base numa análise matemática muito difícil. Desejaria assinalar aqui que há também muitos físicos menos otimistas com respeito à simplicidade da forma matemática da lei fundamental. Considerando o antes complicado sistema de partículas elementares observadas, eles supõem que deve haver um número de operadores de campo diferentes (alguns falam no mínimo de quatro, outros de seis) entre os quais há de existir um complicado sistema correspondente de relações matemáticas. O problema de como é possível formular esta lei fundamental de modo mais ou menos simples ou complexo ainda não está decidido, e é de se esperar que os dados coletados nos anos futuros com a ajuda de poderosos aceleradores logo poderão oferecer uma base segura à solução desses problemas.

Independentemente da decisão última, podemos mesmo afirmar agora que a resposta final estará mais próxima dos conceitos filosóficos expressos, por exemplo, no *Timeu* de Platão do que dos dos antigos materialistas. Tal fato não deve ser mal compreendido como um desejo de rejeitar de maneira muito leviana as idéias do moderno materialismo do século XIX, o qual, uma vez que pôde trabalhar com toda a ciência natural dos séculos XVII e XVIII, abarcou um conhecimento muito importante de que carecia a antiga filosofia natural. Não obstante, é inegável que as partículas elementares da física de hoje se ligam mais intimamente aos corpos platônicos do que aos átomos de Demócrito.

Tal como os corpos elementares regulares de Platão, as partículas elementares da física moderna são definidas por condições matemáticas de simetria; não são eternas nem invariáveis e portanto dificilmente podem ser chamadas "reais" na verdadeira acepção da palavra. São antes simples representações daquelas estruturas matemáticas fundamentais .a que se chega

26

nas tentativas de continuar subdividindo a matéria; representam o conteúdo das leis fundamentais da natureza. Para a ciência natural moderna não há mais, no início, o objeto material, porém forma, simetria matemática. E, desde que a estrutura matemática é, em última análise, um conteúdo intelectual, poderemos afirmar, usando as palavras de Goethe no *Fausto*, "No princípio era a palavra" — o *logos*. Conhecer este *logos* em todas as particularidades, e com total clareza em relação à estrutura fundamental da matéria, constitui a tarefa da física atômica de hoje e de seu aparelhamento infelizmente muitas vezes complicado. Parece-me fascinante pensar que hoje, nos mais diversos países do mundo e com os meios mais poderosos de que dispõe a moderna tecnologia, se desenvolve uma luta para resolver em conjunto problemas colocados há dois milênios e meio pelos filósofos gregos e cuja resposta talvez venhamos a conhecer dentro de poucos anos ou, quando muito, em uma década ou duas.

DISCUSSÃO DA PALESTRA
DE WERNER HEISENBERG

Albert Picot

Werner Heinsenberg nos expôs como a ciência do século XIX se estribava nas idéias de Newton e Descartes. Tempo absoluto, espaço absoluto, causalidade absoluta encerraram-nos e cercaram os cientistas em uma área relativamente estreita. De outro lado, com as novas descobertas de que falamos na noite passada e, acima de tudo, com a teoria quântica e a relatividade, chegamos ao conceito cujo principal proponente é Heisenberg, o princípio da incerteza, um conceito que lança dúvidas sobre a teoria geral da causalidade e sobre o determinismo. De um modo paralelo, nos séculos XVIII, XIX e XX, uma série de grandes filósofos afirmou a liberdade do homem, mesmo independentemente da ciência. Três deles se nos afiguram os proponentes da liberdade: Kant, Charles Secretan e Karl Jaspers.

E aqui está a minha pergunta, uma pergunta sobretudo crítica, quase indiscreta, uma vez que nos compele a indagar ao Professor Heisenberg quais são as suas convicções. Será que esses filósofos encontram apoio na teoria da incerteza, na nova orientação da ciência, que reconhece o papel da liberdade na natureza? Não é estranho que um homem como Karl Jaspers não apóie tais descobertas? Tratar-se-á de um novo elemento para provar a liberdade do homem ou será apenas um estágio momentâneo na ciência, que um dia tornará a mostrar a causalidade nos quanta? Poderemos reunir, ou devemos separar, os filósofos que colocam a liberdade na base da filosofia e os cientistas que expuseram o conceito da incerteza em princípios que parecem muito sólidos?

Heisenberg

O problema da relação entre incerteza e liberdade foi ventilado de modo demasiado impreciso e superficial, especialmente na imprensa. Não se pode afirmar que o princípio da incerteza escancare mais a porta à liberdade.

Devemos tentar aproximar-nos do problema da incerteza e da liberdade por meio da teoria do conhecimento, tal como Kant o taria. O problema daquilo que posso ou não fazer, entretanto, difere muito do problema do que outrem deve ou não fazer. E existem sempre muitas questões complexas relacionadas com tais problemas.

30

Mesmo quando temos de propor indagações aparentemente idênticas, obtêm-se respostas muito diferentes; isso depende da maneira como tais temas são abordados. Quando nos defrontamos com questões de aparência completamente diversa, que constituem amiúde apenas facetas diferentes do mesmo problema, chegamos muitas vezes a respostas mui similares. Em suma, não creio que o princípio da incerteza tenha conexão direta com o conceito de liberdade. A relação é mais indireta; a introdução da incerteza na física nos colocou em guarda contra a adoção de uma posição por demais definida.

Giacomo Devoto

Antes de endereçar ao Professor Heisenberg duas perguntas, tomarei a liberdade de fazer um brevíssimo comentário sobre a discussão que se desenvolveu até agora.

1. As relações para com a filosofia: Uma coisa é dizer que o progresso da física repercute na filosofia e outra, que o progresso da física deu um novo aspecto à relação entre ciência e filosofia. No primeiro caso, nunca devemos olvidar que a filosofia é algo que precede a ciência. Durante séculos, oscilou entre uma visão do mundo realista e idealista. As descobertas da ciência podem influenciá-la em uma ou em outra direção, mas jamais serão decisivas.

2. Associo-me ao ponto de vista do Professor Heisenberg no tocante ao conceito de liberdade. Definir a liberdade moral baseando-a no princípio da incerteza é tão absurdo como dizer: já que não podemos enfiar todos os homens em uma prisão ou compeli-los a viver da mesma maneira desde a manhã até a noite, podemos com igual razão reconhecer sua liberdade.

Já que o princípio da incerteza significa apenas uma coisa — o homem e a ciência não se encontram em situação de fotografar a natureza até o mais ínfimo pormenor — é ridículo querer descobrir nele uma base para a liberdade. Uma definição de liberdade não pode alicerçar-se num fenômeno de incapacidade.

Chego agora às duas perguntas já anunciadas que quero propor ao Professor Heisenberg.

Uma vez que a passagem da ciência do século XIX para o século XX não implica uma mudança na posição filosófica, será que ele pretende limitá-la a uma mudança nas definições?

No século XIX, a ciência esperava ou pretendia fotografar a natureza. A ciência do século XX limita-se a descrevê-la. A ciência do século XX é uma linguagem. Sendo uma linguagem, deve suscitar os mesmos problemas que se apresentam no estudo de uma língua. E a questão fundamental é a seguinte: Há na física a relação entre os fatos físicos e a interpretação matemática; no estudo de línguas, o que há? De um lado, há a observação histórica, a história das línguas, de outro, a aplicação pedagógica feita pelo gramático, que tenta estabelecer e descrever convenções que cada um observa num contexto lingüístico.

Vejamos agora a segunda questão que faço ao Professor Heisenberg: Aceitaria ele a minha sugestão no sentido de estabelecer um paralelo entre a física e a história das línguas, daquela linguagem que é a ciência nova da qual o matemático é apenas o gramático? Sei que essa definição não agrada ao matemático; entretanto, constitui uma forma de colocar a questão e acima de tudo de encerrar a discussão entre aqueles que acreditam que podemos descrever os fatos matematicamente e os que não acreditam. A matemática é um meio de descrever os fenômenos físicos, do mesmo modo que as regras de gramática constituem o meio de descrever uma linguagem mas não são a linguagem.

Heisenberg

Em linhas gerais, concordo perfeitamente com o que o Sr. estabeleceu. É realmente possível afirmar, recapitulando, que o século XIX procurou fotografar a natureza, enquanto que o século XX descreve a natureza numa linguagem matemática. O físico, todavia, compreendeu que, quando acreditava estar fotografando, nem sempre o estava fazendo.

O físico do século XIX não tinha de discutir filosofia ou religião. Acreditava-se mesmo que essas doutrinas poderiam ser mantidas completamente de lado e que seria possível consumar aquilo que o Professor Devoto chama de "fotografia da natureza". Mas verificou-se que esse ponto de vista não poderia ser confirmado experimentalmente e, com muita freqüência, quando os físicos atômicos tentam fotografar a natureza, eles alteram as suas características.

Além disso, observou-se que a física dos quanta, onde intervém a incerteza, deve sempre ser baseada na física determinística. É quase impossível proceder de outro modo, e parece que essa indeterminação traz uma correção à física determinística clássica.

Penso que seria sem dúvida útil estudar mais de perto e desenvolver este problema do paralelismo entre ciência e linguagem, mas não o farei aqui. Creio que o Professor Devoto está mais qualificado para empreendê-lo, e talvez ele já o tenha feito. Entretanto, não podemos esquecer que as ciências estão "entre" a natureza e o homem.

Ellen Juhnke

Eu gostaria de conhecer as reações do Professor Heisenberg à idéia do Professor Victor von Weizsäcker (expressa no seu livro sobre a criação) de que todas as leis objetivas da natureza já existem, sem qualquer contribuição do homem. As complicadas pesquisas realizadas por físicos lhes permitiriam simplesmente ler como em um livro aberto, por assim dizer, as leis objetivas que regem a organização da natureza.

O Professor Max Hartmann disse algo semelhante do ponto de vista da biologia. Partindo do fato de que o chamado quantum de ação de Planck, ou a constante universal, se encontra nas fórmulas matemáticas tanto do sistema planetário como dos menores elementos do átomo, deduz a necessidade de uma criação consciente por um criador. Entre muitos outros, o filósofo inglês Tomlin apresenta idéias paralelas em sua metafísica, ou mais precisamente, metabiologia; e Max Planck, falando como um filósofo, declarou: "Apenas aqueles que pensam por metades se tornam ateus, aqueles que se aprofundam em seus pensamentos e vêem as maravilhosas relações entre as leis universais reconhecem um poder criador". Ou ainda: "Para a religião, a idéia de Deus está no início; para a ciência, a idéia de Deus está no fim". Não é um fato extraordinário verificar que tais sínteses estão sendo delineadas em nossa era atômica e atomizada? Eis, portanto, a minha pergunta: Qual é a opinião do Professor Heisenberg quanto a essa síntese entre religião e metafísica e a objetividade das leis da natureza?

Heisenberg

À primeira questão respondo: O objetivo dos físicos dos séculos XIX e XX permaneceu certamente o mesmo, ou seja, descobrir descrições e leis objetivas da natureza. A diferença é que o físico do século XX compreendeu que isso nem sempre é possível. Tal dificuldade se deve ao fato de sermos obrigados a usar a linguagem humana para essa descrição. É evidente que, numa certa medida, a natureza existe independentemente do homem. Como disse Karl von Weizsäcker: "A natureza existia antes do homem". Quer dizer, a natureza certamente existia antes da existência do homem, mas, se a natureza existia antes do homem, não acontece o mesmo com as ciências naturais. Por exemplo, o conceito de "lei da natureza" não pode ser completamente objetivo, pois a palavra "lei" é um princípio puramente humano.

Para responder à segunda questão, concernente à relação entre religião e ciência, eu gostaria de citar algumas idéias de Goethe. Na sua teoria das cores, em particular, Goethe reconheceu uma certa coerência nas ordens naturais. Procurou classificá-las e colocou na base da escala aquilo que se deve puramente ao acaso, depois as relações puramente mecânicas, em seguida a física, a química, a biologia, a psicologia e no topo a religião, compreendendo, não obstante, que essa divisão nem era exata nem rigorosa. Os físicos do século XX tornaram-se mais modestos, pois não estão certos de ser possível passar de um campo, onde acreditam compreender as leis e os fenômenos, a outro que deveria ser adjacente. Por exemplo, foi a teoria quântica que estabeleceu a relação entre a física e a química, que em certa época estiveram completamente separadas. Mas, quando esse passo foi dado, compreendeu-se que era necessário mudar a linguagem e mudar a orientação de numerosos problemas. Se essa passagem da física à química, que são ciências adjacentes, é obviamente difícil, a passagem da química à biologia o será muito mais, e a da biologia à psicologia será ainda mais delicada, para não dizer da passagem à religião. Os físicos de hoje compreendem que o conhecimento das leis em um campo não permitirá necessariamente a passagem a outro campo.

René Schaerer

Far-lhe-ei agora uma primeira pergunta. Há pouco mencionou-se o nome de Descartes. Eu gostaria de perguntar ao Professor Heisenberg por que, quando passou dos dias de hoje a Aristóteles, depois a Platão ou a Demócrito, nem sequer mencionou Descartes. Descartes é o pensador que mais do que qualquer outro fez sentir a sua influência nos dias de hoje. Ele domina a filosofia, a ciência moderna; é o primeiro grande filósofo moderno. Toda a história da filosofia moderna data em geral de Descartes; e noto que um pensador tão curioso sobre o passado como Heisenberg parece ignorar Descartes. Terá alguma razão particular?

Passo agora à segunda observação que me sinto obrigado a fazer. Parece-me sugestivo e curioso (e não creio que isso seja acidental) que os pensadores a que se refere o Professor Heisenberg, primeiro Kant, depois Aristóteles e Platão, sejam pensadores que, nos seus sistemas, atribuem parte importante à finalidade. Porque, em última análise, as particulas geométricas elementares de Platão são apenas as projeções de idéias preconcebidas, conhecidas pela intuição e todas "finalizadas" no bem. A *potentia* de Aristóteles, que me parece muito distinta da incerteza de Heisenberg (neste ponto sigo o Professor Heisenberg com alguma dificuldade), esta *potentia* é autêntica, diretamente "finalizada". Em compensação, o Professor Heisenberg exclui Demócrito, rejeita a finalidade e admite o puro mecanismo. Ele nada diz sobre Descartes, que é um pensador mecanicista. Por conseguinte, permito-me fazer a seguinte pergunta ao Professor Heisenberg: corresponderia isto a uma tendência de seu espírito, que consistiria em admitir, além deste mecanismo conhecido estatisticamente com maior ou menor probabilidade, uma finalidade que o poria de acordo com seus grandes mestres, Aristóteles e Platão?

Heisenberg

Descartes encontra-se certamente na base de toda a filosofia da ciência dos dias de hoje, mas ao mesmo tempo está de certo modo numa encruzilhada. Parece, presentemente, que Descartes era demasiado preciso em seus conceitos. Poder-se-ia dizer que a maneira de ver de Descartes se compara antes a uma partida de tênis, onde a bola passa com precisão de uma cancha para outra, enquanto o modo de pensar de um Tomás de Aquino, por outro lado, lembraria uma partida de futebol, onde o campo todo está em movimento e se desloca como um todo.

Acrescento, além disso, algumas palavras acerca da finalidade. É evidente que, desde Newton, a causalidade serviu como ponto de partida. Isto é, procurou-se determinar o estado de um objeto ou de um sistema, tal como se apresentaria no futuro, partindo-se de suas propriedades prévias. Mas, embora a finalidade tenha sofrido um leve abrandamento na teoria quântica, algo dela ainda permanece. Compreendeu-se, sobretudo pelos trabalhos da mecânica ondulatória, que explica de perto o conjunto da química, que uma grande parte da finalidade subsiste numa concepção indeterminista. Se um átomo ou molécula é de algum modo perturbado, descobrir-se-á após a perturbação que são possíveis milhões de estados diferentes, cada qual com uma certa probabilidade. Mas, se parto de um átomo de hidrogênio, posso perturbá-lo da maneira que quiser, ele sempre permanecerá um átomo de hidrogênio. Tal é o traço de finalidade que a química traz para a física. O fato de um átomo de hidrogênio perturbado continuar hidrogênio implica uma finalidade, mas uma finalidade cuja causalidade não é conhecida. Em suma, essa é a fusão de causalidade e finalidade que constitui uma das bases da física moderna.

René Schaerer

Neste caso, não compreendo por que, a despeito de seu materialismo, o Sr. não está mais próximo de Demócrito do que de Aristóteles. Acho que o Sr. está antes longe de Aristóteles, pois o que o Sr. acaba de dizer corresponde de modo bem próximo ao pensamento de Demócrito, para quem os átomos sofrem ou executam uma dança desordenada no infinito do tempo com velocidades infinitamente variáveis. Um átomo, entretanto, sempre permanece um átomo, e aqui se encontra a espécie de finalidade muito diminuída de que o Sr. falou. Por outro lado, não vejo qualquer analogia entre as teorias desenvolvidas pelo Sr. e as desenvolvidas por Aristóteles. O fato de Demócrito ser um materialista não é muito grave, pois isso não é essencial, mas acho que no seu sistema há um ou dois pontos que parecem aproximar-se muito de Demócrito. Não corresponderia, talvez, o princípio da incerteza ao que Demócrito simplesmente denominou de probabilidade do jogo das danças atômicas? E aquilo que o Sr. afirmou sobre a permanência do hidrogênio não corresponderia talvez àquilo que Demócrito afirmou sobre a permanência de cada átomo, uma vez que os átomos não podem ser despedaçados ou cortados ou transformados de alguma maneira? Acho-o mais próximo de Demócrito e mais afastado de Aristóteles do que o Sr. afirma.

Heisenberg

Retomo com outros pormenores o exemplo do átomo de hidrogênio. Quando se considera um simples

38

átomo de hidrogênio e se estuda a sua colisão com um elétron, observa-se um distúrbio no átomo de hidrogênio. A física clássica acreditava que essa colisão ocorresse de uma forma completamente análoga à que se produziria entre um planeta e um cometa. Na física mais moderna, o resultado dessa colisão não é todavia completamente previsível, mesmo que dependa das condições iniciais. Há uma probabilidade de encontrar um elétron no átomo de hidrogênio excitado, outra de encontrar um núcleo desprovido de seu elétron. E essas probabilidades são determinadas e não podem ser alteradas. O átomo de hidrogênio que surge após a colisão não é mais, todavia, exatamente igual ao que era antes. É fato conhecido que, se uma interação contém energia suficiente, existe a probabilidade de que o hidrogênio não se apresente de novo, mas em seu lugar se encontre algo completamente diverso. Vários casos diferentes são possíveis, e esses casos estão relacionados entre si por relações de probabilidade. De fato, aquilo que é assim encontrado como resultado de uma interação, de qualquer ação, não é sempre objeto, mas formas — formas dessa energia que constitui o material básico fundamental da física moderna, capaz de assumir diferentes formas em que reconhecemos os objetos.

Umberto Campagnolo

Estou imaginando se um físico pode efetivamente falar como filósofo e se as suas considerações teriam a precisão a que um filósofo deve obedecer neste tema.

Creio que aí está o perigo principal da discussão cuja finalidade, pelo menos aparentemente, é juntar filósofos e cientistas. O problema que o filósofo coloca para si mesmo é sempre de uma natureza radicalmente diversa daquela que o cientista coloca a si mesmo. O cientista pressupõe sempre a possibilidade de chegar à quantidade e mensuração, a cálculos e equações. Os filósofos, ao contrário, procuram categorias e tentam ligá-las mediante um processo que, se me permitem utilizar o termo, nada tem em comum com o da ciência, isto é, a dialética.

Concluindo, penso que ganharíamos mais em nossa discussão se eliminássemos aqui as referências aos filósofos, porque o pensamento filosófico é muito diferente do pensamento científico. Os cientistas amiúde tendem a imaginar a filosofia como uma extensão da ciência, como um modo geral de considerar o seu problema de um ponto de vista particular. Mas acredito que eles se enganam a si próprios; os filósofos é que são e permanecem responsáveis pela filosofia.

Heisenberg

Concordo inteiramente com esta maneira de colocar o problema, mas pergunto ao Professor Campagnolo se a teoria de Platão, segundo a qual as partículas últimas de "terra" são cubos ou as de "fogo" tetraedros, é filosofia ou ciência?

Campagnolo

É possível que Platão empregasse certas idéias de caráter empírico e poético para divinizar seus conceitos. No começo e no fim de sua vida Platão aproximou-se talvez de uma visão poética do mundo. Mas, em todo caso, a poesia está muito mais perto da ciência do que a filosofia. Por esta razão é que eu não objetaria se um cientista considerasse Lucrécio mais um poeta do que um filósofo. Se examinarmos as considerações de Platão sobre o mundo, verificaremos que ele se encontrava longe da física moderna e de suas exigências de equações e números. Platão sempre remanesceu no campo da qualidade; o da quantidade ainda é estranho para ele.

Heisenberg

É evidente que a passagem da ciência para a filosofia deu origem a grande número de mal-entendidos, mas não acredito que seja útil tentar separar os dois domínios de modo absoluto e dizer: Aqui está o homem de ciência que é competente, lá o filósofo. Ao contrário, julgo que é de proveito permitir que o cientista fale de filosofia e o filósofo algumas vezes de ciência, mesmo com o perigo de criar novos mal-entendidos. O resultado pode ser de tanta utilidade que vale a pena correr o risco.

Daniel Christoff

As questões que eu gostaria de propor ao Professor Heisenberg se referem à necessidade do homem de ciência de adotar termos filosóficos que foram definidos e debatidos exaustivamente por muito tempo.

A primeira questão relaciona-se com a "estrutura matemática das partículas elementares" colhida em Platão. Pergunto-me se, tomada como estrutura de "idéias", representa um *a priori?* Ao colocar esta questão baseio-me na alusão do Professor Heisenberg aos elementos kantianos contidos na nova teoria. O que é realmente um *a priori?* É a estrutura destas idéias ou a idéia da própria estrutura?

Heisenberg

Essas expressões matemáticas mediante as quais representamos as partículas ou fenômenos não são certamente *a priori;* isso porém não impede a inclusão de

41

conceitos *a priori* na física. Por exemplo, posso conceber um espaço desprovido de objetos, mas não posso eximir-me de pensar que existe um espaço. É assim que o conceito de espaço se torna *a priori*.

O mesmo se pode dizer das figuras de Platão. Neste caso, nem sequer existe um *a priori,* isso no sentido de que Platão teria sido capaz de pensar que os elementos fundamentais da "terra" não são cúbicos, porém, por exemplo, esféricos. Visto que ele poderia ter pensado tanto no cubo quanto na esfera, não há um *a priori* absoluto.

Os físicos que lidam com a teoria quântica também são compelidos a usar uma linguagem extraída do quotidiano. Agimos como se de fato houvesse uma coisa como uma corrente elétrica, pois, se proibíssemos todos os físicos de falar de corrente elétrica, eles não mais poderiam exprimir seus pensamentos, não mais poderiam falar, seriam completamente estéreis. Por conseguinte, creio ser necessário tomar da linguagem clássica certas formas *a priori,* ainda que seus valores tenham talvez mudado de alguma maneira.

Daniel Christoff

Permita-me fazer outra pergunta, que me parece extremamente importante, pois se encontra no âmago das questões abordadas pelo Professor Heisenberg.

Ele estabeleceu a existência de uma relação entre o conceito de probabilidade e o conceito aristotélico de *potentia.* Significaria isso por acaso que tudo no mundo é virtualidade? Uma virtualidade que sem dúvida se realiza constantemente mas nunca completamente. Isso porque, em correlação com este conceito de partícula, estou buscando o "ato". Deve-se entender que o ato é energia? Mas então, não é o ato concreto que forma cada objeto?

Heisenberg

Trata-se de um problema muito difícil de abordar. Quando consideramos uma onda eletromagnética ou um raio luminoso que incide sobre uma placa fotográfica, o raio luminoso é a condição de que, conforme uma certa probabilidade, suceda algo que responde à questão: Forma-se um grão de prata nesta placa? O ato é o aparecimento de um grão de prata e a onda luminosa é a *potentia*. "Ato" e *potentia* apresentam-se assim ìntimamente ligados e, quando procuramos a incidência da onda luminosa no ato, ou seja, o grão de prata, este surge como um *a priori*. Na física clássica, onde os fenômenos são objetivos, podemos empregar a linguagem tradicional da física, isto é, a linguagem quotidiana. Na física moderna, contudo, as estruturas matemáticas com que nos deparamos indicam a probabilidade de um fenômeno e não o próprio fenômeno. E, neste sentido, na física clássica, é o ato que é procurado no fenômeno, enquanto a *potentia* deve ser correlacionada com as estruturas matemáticas.

Daniel Christoff

Pode-se dizer que esta *potentia* tem uma origem profunda?

Heisenberg

Em certa medida, sim.

A NOSSA IMAGEM DA MATÉRIA

1. *A crise. Uma previsão*

O título desta conferência me foi sugerido (na sua versão francesa) pelo Comitê. Aceitei-o prazerosamente. Contudo, antes de tentar corresponder-lhe do melhor modo possível, há *duas* coisas que devo adiantar. *Primeiro,* hoje o físico não pode mais efetuar uma distinção significativa entre matéria e qualquer outra coisa em seu campo de pesquisa. Não mais consideramos forças e campos de força como diferentes da matéria; sabemos que esses conceitos devem fundir-se num só. Na verdade, dizemos que uma área de espaço está livre de matéria; chamamo-la de vácuo, se não houver nada presente exceto um campo gravitacional. Todavia, isso não ocorre na realidade, pois mesmo longe no universo há luz estelar, e isto *é* matéria. Além do mais, segundo Einstein, gravidade e massa são análogos e por conseguinte não são separáveis um do outro. O nosso tema de hoje é, portanto, a imagem coletiva que a física possui da realidade espácio-temporal.

Em *segundo* lugar, essa imagem da realidade material é hoje mais vaga e incerta do que foi por muito tempo. Conhecemos grande quantidade de pormenores interessantes; cada semana tomamos conhecimento de outros novos. Contudo, selecionar dentre esses conceitos básicos aqueles que foram firmados como fatos e construir a partir deles um referencial claro e facilmente compreensível do qual pudéssemos dizer: isso é certamente assim, tal coisa, acreditamos hoje, é impossível. Há uma hipótese amplamente difundida de que não pode existir uma imagem objetiva da realidade em qualquer interpretação previamente acolhida. Entre nós apenas os otimistas (e me considero um deles) julgam isso uma excentricidade filosófica, uma medida desesperada frente a uma grande crise. Esperamos que a vacilação de conceitos e opiniões signifique apenas um intenso processo de transformação, que conduzirá finalmente a algo melhor do que as confusas séries de fórmulas que cercam o nosso tema.

Para mim — mas também para os senhores, meus respeitáveis ouvintes — é muito incômodo que a imagem da matéria que espero construir aqui ainda não exista, que haja apenas fragmentos desguarnecidos de um valor factual mais ou menos parcial. Uma conseqüência desse fato é que nesta espécie de narrativa não podemos evitar de contestar num ponto ulterior o que foi afirmado antes. Isso se assemelha de algum modo a Cervantes, que permitiu a Sancho Pança perder seu querido e pequeno asno que montava, mas alguns ca-

46

pítulos depois esqueceu-se desse fato, de modo que o bom animal volta a estar conosco. A fim de evitar uma exprobração semelhante, quero esboçar um plano de campanha.

Posteriormente relatarei como Max Planck descobriu, há mais de cinqüenta anos, que a energia pode ser transmitida apenas em quantidades indivisíveis de tamanho definido — os quanta. Todavia, como Einstein logo depois provou a identidade da massa e da energia, somos obrigados a afirmar para nós mesmos que as menores partículas de matéria, os átomos ou corpúsculos, que de há muito conhecemos e cuja existência é hoje demonstrada em inúmeras experiências elegantes, de um modo "perfeitamente" palpável, são exatamente os quanta de energia e, por assim dizer, predatando a descoberta de Planck de mais de dois mil anos. Por causa disso, ela parece mesmo mais segura. Aqui ofereceremos um esclarecimento sobre o enorme significado desse caráter discreto ou *contável* de tudo o que existe ou acontece; somente assim pode ser efetivamente factível e claramente compreensível a famosa teoria estatística de Boltzmann sobre o curso *irreversível* da natureza.

Tudo isso está bem e encerra, por certo, uma grande dose de verdade. Mas, então, o asno de Sancho Pança retornará — após mais de dois mil anos. Pois devo pedir-lhes que não acreditem nem que os corpúsculos são indivíduos estáveis no tempo nem que a transferência de um quantum de energia de um portador para outro, ocorre em etapas distintas. O caráter discreto, sem duvida, acha-se envolvido, mas não no sentido tradicional de partículas individuais discretas e decerto não como um evento descontínuo. Pois isso contradiz a experiência, por outro lado. O caráter discreto origina-se apenas como uma construção a partir das leis que governam os eventos. Estas ainda não são completamente compreendidas; mas uma analogia provavelmente pertinente, tirada da física de corpos tangíveis, é o modo pelo qual os sons individuais parciais de um sino resultam da forma finita do sino e das leis da elasticidade, às quais não está efetivamente ligada nenhuma descontinuidade.

2. *Algumas observações sobre corpúsculos*

Comecemos. O ponto de vista, já defendido por Leucipo e Demócrito no século V a.C., segundo o qual a matéria é construída de partículas muito pequenas, que eles chamavam átomos, assumiu, à passagem do século passado, uma forma muito definida, a da *teoria corpuscular* da matéria, penetrando em pormenores interessantes, que se tornaram cada vez mais claros e mais firmados durante a primeira década. Necessitaremos de duas horas de atenção para delinear resumidamente uma idéia geral das delicadas e fundamentalmente importantes descobertas individuais efetuadas ao longo dessa trajetória.

O início coube à química. Mesmo hoje há os obcecados pela idéia de que a química é o domínio único e original do "átomo" e da "molécula". Do papel assaz hipotético e algo anêmico que aí desempenharam — a escola de Ostwald os rejeita lhanamente — foram pela primeira vez elevados à realidade física na teoria dos gases de Maxwell e Boltzmann. Em um gás, tais partículas acham-se separadas por espaços vazios, mas, em movimentos vigorosos, colidem repetidamente, são repelidas uma pela outra, e assim por diante. Uma investigação acurada desses processos no pensamento levou em primeiro lugar a uma compreensão plena de *todas* as propriedades dos gases, as propriedades elásticas e térmicas, o atrito interno, a condutividade e a difusão térmicas, mas ao mesmo tempo conduziram a uma base firme para a teoria mecânica do calor como um movimento dessas pequeníssimas partículas, que continuamente se torna mais intenso com o aumento da temperatura. Se isso for verdadeiro, então os pequenos corpos que são apenas visíveis ao microscópio deverão também manter-se em movimento contínuo pelo impacto das moléculas circundantes, e esse movimento deve aumentar com a elevação da temperatura. Tal movimento de pequenas partículas em suspensão foi descoberto por Robert Brown (um físico londrino) nos primórdios de 1827, mas apenas em 1905 Einstein e Smoluchowsky provaram que este movimento satisfaz, do ponto de vista quantitativo, as expectativas.

Neste período fecundo, cerca de dez anos antes e depois do início do século, ocorreu tanta coisa diretamente relacionada com o nosso tema que seria difícil tê-la simultaneamente em vista. Foram descobertos os raios Roentgen — "luz" de curtíssimo comprimento de onda — e os raios catódicos — fluxo de corpúsculos carregados negativamente, os elétrons. Ocorreu a desintegração radiativa de átomos e as radiações emitidas durante este processo — em parte fluxos de partículas, precisamente aquelas durante cuja emissão espontânea da ligação do núcleo atômico se processa a transformação de um átomo em outro e em parte "luz" de comprimento de onda mais curto, que se origina durante o mencionado processo. Todas as partículas transportam cargas elétricas; a carga é sempre a pequeníssima unidade de carga elétrica, medida diretamente por Millikan, ou quase extamente o dobro ou o triplo dela. Foi também possível medir a massa dessas partículas com muita precisão, como a dos próprios átomos.

A determinação das massas dos átomos, a chamada espectrografia de massa, foi levada a uma exatidão tão fantástica, por Aston em Cambridge, que ele era capaz de responder negativamente a uma questão antiqüíssima, com certeza absoluta: elas *não* são múltiplos inteiros de uma unidade pequeníssima. A despeito disso, devemos concebê-los, ou de um modo mais preciso, cumpre considerar os pesados porém pequeníssimos *núcleos* atômicos positivamente carregados — os elétrons negativos circundantes quase nada pesam — como construídos por um número de núcleos de hidrogênio (prótons), dos quais, sem dúvida, cerca da metade perdeu a sua unidade de carga positiva (nêutrons). Em um átomo de carbono natural há, por exemplo, 6 prótons e 6 nêutrons. Pesa, em uma unidade conveniente para a comparação.

	Átomo de carbono	12,00053 $\pm$
em comparação	Próton	1,00758 $\pm$
com o	Nêutron	1,00898 $\pm$

A unidade vale $(1,6603 \pm \ldots\ldots) 10^{-24}$ grama; por ora, entretanto, isso não nos interessa. Como explicar essa "diferença de massa", que no nosso exemplo chega a quase um décimo da unidade? Pelo *calor de ligação*, que é liberado durante a combinação dessas doze partículas e que é muito maior em "reações nucleares" desse tipo, do que nas bem conhecidas reações químicas. Em outras palavras, o sistema perde energia potencial, enquanto as doze partículas estão submetidas à energia de atração pela qual se mantêm ulteriormente unidas. Segundo Einstein, como já mencionamos antes, essa perda de energia significa uma perda de massa. Isso se chama efeito de empacotamento. Além do mais, as forças sem dúvida não são elétricas — são de fato repulsivas — mas sim as assim chamadas forças nucleares, que são muito mais poderosas, porém atuam apenas a pequeníssimas distâncias (cerca de 10^{-13} cm).

3. *Campo de onda e partícula; sua demonstração experimental*

Aqui os senhores me apanham numa contradição, pois eu disse logo no início que hoje não mais admitimos que forças e campos de força sejam algo diferente da matéria. Poderia desculpar-me facilmente afirmando: o campo de força de uma partícula é calculado com a partícula. Mas não é assim. A opinião comprovada hoje é antes: tudo — *efetivamente tudo* — é ao mesmo tempo partícula e campo. Tudo possui a estrutura contínua de campo que nos é familiar, bem como a estrutura discreta do corpúsculo que também nos é familiar. Expresso de um modo tão geral, esse reconhecimento contém decerto grande dose de verdade. Pois está baseado em inúmeros dados experimentais. As opiniões variam quanto aos pormenores, e disso falaremos mais tarde.

Ademais, no caso particular do campo de força nuclear, a estrutura corpuscular já é razoavelmente bem conhecida. Os chamados mésons π, que surgem entre outros durante a destruição de um núcleo atômico e que deixam em seu rastro traços separados numa emulsão fotográfica, muito provavelmente lhe correspondem. As próprias partículas nucleares, os núcleons (nome que se atribui indistintamente aos prótons e nêutrons), que nos ensinaram a considerar como partículas discretas, produzem de sua parte padrões de interferência em outros experimentos, quando uma grande quantidade deles é impelida contra a superfície de um cristal. Tais padrões não deixam dúvida de que os núcleos também possuem uma estrutura ondulatória contínua. A dificuldade, que é igual em todos os casos, de combinar essas duas características tão amplamente diversas numa única configuração mental constitui ainda hoje o maior obstáculo que torna a nossa imagem da matéria tão variável e incerta.

Entretanto, nem o conceito de partículas nem o de ondas é hipotético. Mencionei de passagem os traços em uma emulsão fotográfica, onde cada um indica a trajetória de uma única partícula. Conhecidos há mais tempo são os traços na chamada câmara de nuvens de C. T. R. Wilson. A partir desses traços podemos observar pormenores excepcionalmente diversos e interessantes com respeito ao comportamento das partículas isoladas, e podemos medi-los. A curvatura de suas trajetórias num campo magnético (pois se trata de partículas eletricamente carregadas); as leis mecânicas em uma colisão, que ocorrem aproximadamente como no caso de bolas de bilhar ideais; a destruição de um núcleo atômico maior pelo golpe direto de uma dessas partículas "cósmicas" que provêm do universo, decerto em pequeno número, mas com um ímpeto tremendo de uma única partícula, amiúde alguns milhões de vezes maior do que outras observadas ou artificialmente produzidas. Recentemente foram envidados esforços para atingir tal efeito à custa de enormes gastos, financiados principalmente por ministérios da defesa. Na verdade, não é possível atingir alguém com tais partículas lampejantes; do contrário, todos agora estaríamos mortos. Esse estudo, todavia, promete indiretamente a realização progressiva do plano de extermínio da humanidade, o que toca de perto a todos os nossos corações.

Talvez seja bom dizer que essas interessantes observações acerca dessas partículas isoladas, que não posso descrever inteiramente em meu curto apanhado, podem ser feitas apenas com partículas que se movem muito depressa. O método dos traços tampouco é o único. Os senhores também poderão experimentar sozinhos o mais velho dos métodos, se, uma noitinha depois de acostumados à escuridão, examinarem os números luminosos dos seus relógios de pulso com uma lente de aumento. Verificarão que a luminosidade não é uniforme, mas que aparece e ondula exatamente como o mar cintila ao sol. Cada faísca cintilante é produzida por uma chamada partícula alfa (núcleo de hélio) emitida por um átomo radiativo que, ao mesmo tempo, se transmuta em outro. E isso continua da mesma maneira durante grande número de anos — em um bom relógio suíço. Um outro aparelho muito usado para o estudo dos raios cósmicos é o contador de Geiger--Müller que "responde" toda vez que é atingido por uma única partícula ativa. Isso é de muita valia. Hoje é possível, com métodos bem familiares, amplificar essa "resposta" de tal maneira que ela pode disparar o mecanismo de uma câmara de nuvens e o obturador de uma máquina fotográfica, preparada para tanto, no momento exato em que surge algo de interessante para fotografar na câmara de nuvens. Trata-se de um uso importante para essas câmaras, mas não é o único. Cinqüenta ou mais delas são amiúde instaladas num único aparelho em um circuito complexo.

Isso no que tange à observação de partículas isoladas. Agora examinemos a característica de campo contínuo ou ondulatória. A estrutura ondulatória da luz visível é assaz grosseira (comprimento de onda de cerca de dois milésimos de milímetro). Durante dois séculos foi cabalmente investigada por meio dos efeitos que ocorrem quando duas ou mais ou uma grande quantidade de ondas se cruzam: fenômenos de difração e de interferência. Um dos processos mais elegantes para a análise e medida das ondas luminosas é a grade de difração, um número imenso de finas linhas paralelas, que se cortam a pequenos intervalos sobre um espelho metálico, onde a luz incidente a partir de *uma* direção é espalhada e se recombina em várias direções, dependendo de seu comprimento de onda.

53

Para as ondas muitíssimo mais curtas do espectro roentgen, como também para as "ondas de matéria" — fluxos de partículas de alta velocidade — as redes de difração mais finas que podemos construir ainda são grosseiras. No ano de 1912, Max von Laue descobriu o instrumento que desde então possibilitou a exata análise de todas essas ondas — descobriu-o em cristais de crescimento natural. Este achado foi precioso, único de sua espécie. Não apenas revela a estrutura do cristal — arranjo altamente regular de átomos com os mesmos grupos repetidos um número incontável de vezes, cada qual a intervalos iguais em três direções, "comprimento", "largura" e "altura" — mas essa descoberta foi *única* no sentido de utilizar a estrutura periódica fina do cristal para a análise de ondas em lugar da grade de difração. E a propósito lembremos o seguinte: a estrutura natural do cristal veio em nosso auxílio no momento exato em que ela, isto é, a estrutura cristalina da matéria, impossibilitou todas as técnicas de precisão. Seria impossível talhar grades tão finas porque o "material" é muito grosseiro. Com essas redes cristalinas a natureza ondulatória dos raios roentgen foi primeiramente estabelecida e seu comprimento de onda mensurado, e mais tarde, o das ondas de matéria, particularmente dos fluxos de elétrons, mas também o de outras partículas tais como os nêutrons e os prótons.

4. *A teoria quântica: Planck, Bohr, de Broglie.*

Já lhes disse muitas coisas sobre a estrutura da matéria, mas ainda não falamos de Max Planck e de sua teoria quântica. Tudo quanto relatei poderia muito bem suceder sem ela. Como então aconteceu o fato? O que é esta teoria quântica? Não apresentarei os eventos históricos exatos, mas em vez disso direi como o assunto se nos apresenta hoje.

54

Em 1900, Planck nos afirma — e as partes essenciais ainda são verdadeiras hoje — que podemos compreender a radiação a partir do ferro aquecido ao rubro ou de uma estrela aquecida ao branco, por exemplo, o sol, somente se essa radiação for produzida em porções e for transferida de um portador ao outro (por exemplo, de átomo a átomo) em porções. Isso era espantoso, pois tal radiação envolve energia, que era originalmente um conceito muito abstrato, uma medida da ação recíproca ou ação efetiva dêsses pequeníssimos portadores. A partição em porções definidas era surpreendente não só para nós, como também para Planck. Cinco anos depois, Einstein nos disse que a energia possuía massa e que a massa é energia, e que elas são uma e mesma coisa — e isso também permaneceu verdadeiro até os dias de hoje. Assim, abriram-se nossos olhos: os nossos prezados átomos familiares, corpúsculos, partículas são quanta de energia planckianos. *Os portadores desses quanta são por sua vez quanta.* Isso deve deixá-los tontos. Percebemos que aqui há algo fundamental ainda não compreendido. Na realidade, os nossos olhos não se abriram subitamente. Levou vinte ou trinta anos. Talvez mesmo hoje não estejam completamente abertos.

A conseqüência direta era de menor alcance, mas ainda assim bastante importante. Em 1913, por meio de uma engenhosa e óbvia generalização da proposição de Max Planck, Niels Bohr ensinou-nos a compreender o *espectro de linha* dos átomos e moléculas e simultâneamente a construção dessas partículas a partir de núcleos pesados carregados positivamente, com elétrons leves circulando em torno deles, cada qual transportando uma unidade negativa de carga. Devo evitar aqui uma explicação pormenorizada do importante estágio de transição em nosso conhecimento. A idéia fundamental é que cada um desses pequenos sistemas —

55

átomo ou molécula — pode abrigar apenas quantidades de energia definidas, *discretas,* correspondentes à sua natureza ou estrutura; que, durante uma transição de um "nível de energia" mais alto para um mais baixo, emite o excesso como um quantum de radiação de um comprimento de onda inteiramente definido, que é *inversamente proporcional* ao quantum abandonado (isso já estava incluído na hipótese original de Planck).

Tal fato implica então que um quantum de uma dada porção se manifesta num processo periódico de *freqüência* completamente definida, que é *diretamente proporcional* ao quantum (a freqüência é igual ao quantum de energia, dividido pela famosa constante de Planck). A verdadeira dedução bastante óbvia, segundo a qual, a uma partícula de massa m, que de acordo com Einstein possui uma energia mc^2 (onde $c =$ a velocidade da luz), deve estar associado um processo ondulatório de freqüência mc^2 / h, foi derivada por L. de Broglie no ano de 1925, primeiro para a massa m do elétron. Só alguns anos depois da famosa tese de doutoramento de de Broglie, foi demonstrada experimentalmente, da maneira como já discutimos, a existência das "ondas de elétrons" teóricas, exigidas em seu postulado. Tal foi o ponto de partida para o prévio reconhecimento, também já mencionado, de que tudo — *realmente tudo* — é tanto partícula quanto campo ondulatório. Por ser isso verdade, é que, ao ouvirmos falar de uma partícula de massa m, ligamo-la a um campo ondulatório de freqüência mc^2/h. E quando nos deparamos com um campo ondulatório de freqüência ν, vinculamo-lo a um quantum de energia $h\nu$ ou, o que dá no mesmo, com o quantum de massa $h\nu/c^2$. Assim, a tese de de Broglie foi o ponto de partida para a completa incerteza de nossa concepção da matéria. Na imagem de partículas e de ondas, há elementos de ver-

56

dade que não devemos abandonar. Mas tampouco sabemos como combiná-los.

5. *Campo de ondas e partícula*: *sua relação teórica*

A relação das duas imagens em geral é conhecida com muita clareza e em pormenores surpreendentes. Ninguém duvida de sua correção e validade geral. Com respeito à combinação em uma imagem óbvia, concreta e simples, as opiniões estão tão divididas que muitos a consideram inteiramente impossível. Esboçarei agora, rapidamente, a *relação*. Não contem formar um quadro concreto e uniforme; e não censurem a minha falta de habilidade na representação nem a vossa própria lentidão no entendimento de vossa falha — pois até agora ninguém foi bem sucedido.

Em uma onda, duas coisas são distinguíveis: *em primeiro lugar* as superfícies de onda, que formam algo semelhante a um sistema de cascas de cebola, exceto que elas se *propagam* numa direção perpendicular à casca (isto é, a si próprias). A analogia em duas dimensões (em vez de três) é bem conhecida dos senhores na forma dos belos círculos de água produzidos por uma pedra lançada em um tanque. *Em segundo,* menos evidente, são aquelas linhas imaginárias perpendiculares às superfícies de onda em cuja direção a onda progride naquele ponto, as *normais de onda,* também chamadas *raios,* a fim de usar para todos os tipos de onda uma expressão familiar no caso da luz.

Aqui eu hesito. Pois o que pretendo e devo dizer agora é certamente importante e fundamental, na verdade é mesmo correto, mas num sentido que temos de restringir a tal ponto que quase contradiz a asserção provisória. A asserção provisória é a seguinte: *Essas normais de onda ou raios correspondem às trajetórias das partículas.* Se cortarem uma pequena parte de uma onda, cerca de 10 a 20 ondas na linha de propagação, e uma porção de tamanho equivalente perpendicular a ela, e destruírem ("acalmarem") o resto da onda, então um tal "pacote de onda" de fato se move ao longo de um raio exatamente com a velocidade, ou, de qualquer forma, com a variação de velocidade, que seria de esperar de uma partícula do tipo em questão no ponto em questão, considerando quaisquer campos de força presentes.

Mesmo que, num pacote de onda ou num grupo de onda, obtenhamos uma espécie de quadro claro para a partícula que podemos montar em muitos pormenores, (por exemplo, o *impulso* da partícula cresce com a diminuição do comprimento de onda; as duas são inversamente proporcionais) — entretanto, por muitas razões, não devemos levar muito a sério essa clara imagem. Primeiramente, ela é de fato algo enodoada, e quanto maior o comprimento de onda, mais indistinta ela se torna. Em segundo lugar, não há amiúde um pequeno pacote, porém uma onda extensa. Finalmente, pode haver pequenos "pacotes" com estruturas tais que não suscitam dúvidas quanto às superfícies de onda ou às normais de onda — caso importante ao qual retornarei logo mais.

A seguinte interpretação parece-me apropriada e representativa, pois encontra amplo apoio na experiência: em cada ponto de um trem de onda regularmente progressivo há uma *dupla relação estrutural de efeitos,* que é possível diferenciar como "longitudinal" e "transversal". A estrutura transversal é a das ondas superficiais e aparece em experiências sobre difração e interferência; a estrutura longitudinal é a das normais de onda e se manifesta na observação de partículas isoladas. Ambas foram convincentemente provadas por engenhosos projetos experimentais, cada um deles cuidadosamente concebido para os seus fins especiais.

58

Todos esses conceitos de estrutura longitudinal e perpendicular não são exatos e absolutos porque os de superfície de onda e de normal de onda também não o são. Perdem-se necessariamente, quando todo o fenômeno ondulatório é limitado a um pequeno espaço pela medida de um único ou de pouquíssimos comprimentos de onda. Tal caso apresenta então um interesse muito especial, acima de tudo para aquelas ondas que, segundo de Broglie, constituem a "segunda natureza" do elétron. Para elas, segue que este caso deve ocorrer na vizinhança de um núcleo atômico carregado positivamente, de modo que o fenômeno ondulatório, uma espécie de vibração estacionária, se encolhe dentro do pequeno espaço para o qual se determinou, através de cálculos, o verdadeiro tamanho atômico.

Esse tamanho já era de fato muito bem conhecido de outro modo. Ondas de água estacionárias de tipo semelhante podem ser produzidas num pequeno tanque, agitando de modo bastante regular um dedo em seu meio ou até dando a todo o tanque uma leve sacudidela, de modo que a superfície da água role para a frente e para trás. No caso, as ondas deixam de distribuir-se regularmente, mas o que chama a atenção são as *freqüências naturais* dessas vibrações estacionárias, que também podem ser observadas muito bem no tanque. Para o grupo de onda que atua em torno de um núcleo atômico, essas freqüências podem ser calculadas, e verifica-se em geral que são exatamente iguais ao "nível de energia" da teoria de Bohr (que já mencionei brevemente) dividida pela constante de Planck h. As engenhosas hipóteses, sem dúvida algo artificiais, dessa teoria, bem como da teoria quântica mais antiga, são substituídas por uma hipótese bem mais natural nos fenômenos ondulatórios de de Broglie. O fenômeno ondulatório forma o "corpo" real do átomo. Substitui os elétrons individuais puntiformes, que no modelo de Bohr se aglomeram em torno do núcleo. Em caso algum podemos admitir a existência de tais partículas puntiformes dentro do átomo, e se ainda continuamos a pensar no núcleo como tal, trata-se de um expediente de todo consciente.

Em relação à descoberta de que os "níveis de energia" são na verdade apenas as freqüências de vibrações fundamentais, o ponto que me parece de particular importância é que podemos renunciar à postulação de uma transição em etapas, porque duas ou mais vibrações naturais podem ser excitadas simultaneamente de modo quase imediato. O caráter discreto das *freqüências naturais* basta por si, como eu pelo menos creio, para amparar as considerações das quais Planck partiu, e outras similares não menos importantes — quero dizer, em uma palavra, para amparar toda a termodinâmica quântica.

6. Estágios quânticos e identidade de partículas

O abandono da *teoria dos estágios quânticos*, que pessoalmente me parece mais inadmissível de ano para ano, tem, admito, relevantes conseqüências. Significa de fato que a troca de energia em pacotes definitivamente limitados não é levada a sério, na realidade não tem crédito, e é ao invés substituída pela ressonância entre freqüências de vibração. Vimos, entretanto, que, devido à identidade de massa e energia, devemos considerar as próprias partículas como quanta energéticos de Planck. Isso é a princípio assustador. Pois, com essa descrença, devemos também não considerar as partículas isoladas como sendo uma realidade permanente bem definida.

Há muitas outras razões para apoiar o fato de que não é assim na realidade. Em primeiro lugar, as propriedades foram de há muito atribuídas a uma partí-

60

cula desse tipo, o que a contradiz. Do quadro fugaz que descrevemos acima de "pacotes de ondas", é possível inferir com facilidade o famoso princípio da incerteza de Heisenberg, segundo o qual uma partícula não pode simultaneamnte estar num lugar específico e ter uma velocidade claramente determinada. Mesmo que esta incerteza fosse pequena — e ela certamente não o é — segue-se que nunca é possível observar a mesma partícula duas vezes com certeza apodítica.

Uma outra razão importante para negar à partícula isolada uma individualidade identificável é a seguinte: Quando estamos lidando teoricamente com duas ou mais partículas do mesmo tipo, por exemplo, com dois elétrons de um átomo de hélio, devemos *ocultar a sua identidade;* do contrário, os resultados simplesmente deixam de ser verdadeiros e não concordam com a experiência. Devemos considerar duas situações que diferem somente na troca dos papéis desempenhados pelos elétrons, não apenas como sendo iguais — o que seria óbvio — mas como uma e a mesma. Se as considerarmos como iguais, deixam de ter sentido. Essa situação pesa muito, porque é válida para cada espécie de partícula em qualquer número sem exceção e porque é diretamente contrária a tudo o que a teoria atômica clássica acreditava a seu respeito.

O fato de a partícula individual não ser um objeto permanente bem definido de identidade ou individualidade determináveis é provavelmente admitido pela maioria dos teóricos, do mesmo modo que admitem a razão aqui descrita da completa inadequação dessa representação. A despeito disso, a partícula individual ainda desempenha um papel na sua representação, deliberações, discussões e escritos, e com isso não posso concordar. Mais profundamente enraizada ainda se encontra a idéia de transição gradativa, de "etapas de quantum", pelo menos segundo as palavras e os modos de expressão, que vieram a tornar-se naturalizados de modo permanente — sem dúvida numa linguagem técnica muito cuidadosa, cujo sentido comum é muito difícil de atingir.

O termo *"probabilidade* de transição" pertence ao vocabulário permanente, por exemplo. Mas, com certeza, podemos falar da probabilidade de um evento somente se pensarmos que ele às vezes ocorre efetivamente. E nesse caso, desde que nos recusemos a reconhecer estados intermediários, a transição deve evidentemente ser repentina. Caso requeira tempo, pode perfeitamente ser interrompido no meio por um distúrbio imprevisto. Não saberíamos então onde estivemos. O conceito alegadamente exato e fundamental apresentaria uma lacuna. Neste conceito, ademais, a probabilidade desempenha uma parte desprezível. O delicado dilema, onda *versus* partícula, deveria resolver-se de tal modo que a partir do campo de onda pudéssemos calcular apenas a probabilidade de encontrar uma partícula de propriedades definidas em uma posição definida, se estivéssemos à procura de uma tal coisa.

Essa interpretação poderia perfeitamente coadunar as descobertas provenientes das ondas de freqüência muito alta ("fluxos de partículas ultra-rápidas") com projetos experimentais especiais e engenhosamente concebidos. Refiro-me àqueles que citei anteriormente como observações das partículas isoladas. Nos *traços,* que são denominados trajetórias das partículas, vem à luz sem dúvida uma relação de ação *longitudinal* ao longo das normais de onda. Mas uma tal relação é de se esperar na propagação de uma frente de onda. Em qualquer caso, temos maiores possibilidades de compreendê-la a partir da representação de onda do que, ao contrário, reconhecendo a relação de ação *transversal* de interferência e difração a partir dos efei-

62

tos combinados de partículas discretas, se se nega a realidade das ondas e se lhes atribui apenas uma espécie de papel *informativo*.

7 *Identidade ondulatória*

Existência real é sem dúvida um termo quase expulso por muitos mastins filosóficos, e o seu simples e ingênuo significado está em grande parte perdido para nós. Por isso, quero aqui lembrar-vos algo. Mencionamos o fato de que uma partícula não é individual. Realmente, as *mesmas* partículas nunca são observadas duas vezes, assim como Heráclito disse acerca do rio. Não podemos marcar um elétron — "pintá-lo de vermelho" — e não apenas isso, não podemos sequer concebê-lo como marcado, pois de outro modo seriam obtidos resultados falsos pela "contagem" incorreta etapa por etapa — para a estrutura do espectro de linhas, na termodinâmica e em muitos outros casos.

Em contraste, é muito fácil imprimir uma estrutura individual a uma *onda* de modo que ela possa ser reconhecida de novo com certeza completa. Pensem nas bóias de luz no mar. Seguindo um código definido, cada uma delas possui uma seqüência de luz prescrita de modo definido, por exemplo, três segundos de luz, cinco segundos sem luz, um segundo de luz, de novo cinco segundos sem luz e então mais uma vez três segundos de luz etc. O marinheiro sabe: É São Sebastião. Ocorre algo similar para uma bóia sonora automática; só que neste caso se trata de ondas sonoras. Ou ainda: quando se telefona a um amigo em Nova Iorque, por rádio, tão logo ele diga: "Alô, aqui é Edward Meier", sabe-se que a voz dele imprimiu uma estrutura nas ondas de rádio que percorrem cinco mil milhas até alcançá-lo e que pode ser distinguida de qualquer outra com certeza. Não é mesmo necessário ir tão longe. Se a sua esposa o chamar do jardim, "Frank", isso é inteiramente semelhante, só que no caso se trata apenas de ondas sonoras. A distância é mais curta, porém demora mais. A nossa compreensão total da linguagem se baseia na estrutura ondulatória individualmente impressa. E que abundância de pormenores se nos transmite em rápida sucessão pelo cinema ou pela televisão, seguindo os mesmos princípios!

No caso, estamos lidando com estruturas ondulatórias relativamente grosseiras, com as quais não compararíamos talvez as partículas individuais mas os corpos tangíveis que nos cercam. E esses possuem quase todos uma individualidade muito pronunciada: meu velho canivete, meu velho chapéu de feltro, o mosteiro de Zurique etc. Eu os reconheci com certeza uma centena de vezes. Mas encontramos caracteristicamente, e isso é notável, que em contraste com o caso das partículas, devemos atribuir individualidade ao fenômeno ondulatório, no caso das ondas elementares.

Um exemplo deve bastar. Um volume limitado de gás de hélio, por exemplo, pode ser considerado como constituído por muitos átomos de hélio ou, *em vez disso,* de uma superposição de trens de ondas elementares de ondas de matéria. Ambos os pontos de vista levam ao mesmo resultado para o comportamento de um gás em aquecimento, em compressão etc. Entretanto, devemos proceder de modo diferente com certos "cômputos" intrincados, que devem ser empreendidos em ambos os casos. Se formamos um quadro mental de partículas, isto é, os átomos de hélio, como já estabeleci previamente, não devemos atribuir individualidade a eles. Originalmente isso pareceu muito espantoso e suscitou longas controvérsias, as quais, entretanto, foram de há muito resolvidas. De outro lado, na segunda forma de consideração, que, em vez de par-

64

tículas, imagina trens de ondas de matéria, cada uma recebe uma certa estrutura especificável, diferente uma da outra. Na verdade, há muitos pares, tão semelhantes entre si, que podem trocar mùtuamente os seus papéis, sem que o percebamos do lado de fora do gás. Se tentarmos *contar* as numerosas condições similares que surgem desse modo como uma única, obtemos algo completamente incorreto.

8. Conclusão

Talvez estejam surpresos porque, a despeito de tudo, apresentei, o que na realidade ninguém nega, os conceitos intimamente relacionados dos *estágios quânticos,* e as partículas individuais não desapareceram nem do vocabulário nem da imaginação do físico. Encontrarão a explicação, se considerarem que a interpretação, que por fim alcançamos e para a qual nos orientamos na última terça parte de minha conferência de hoje, invalida ou no mínimo lança dúvidas sobre o significado real dos inúmeros detalhes da estrutura da matéria que ressaltei nos primeiros dois terços. Entretanto, eu estava apto a utilizar — sem uma intolerável verbosidade eu não poderia deixar de usá-la — uma linguagem que realmente não considero apropriada. Como podemos determinar o peso do núcleo de carbono e de um núcleo de hidrogênio com uma precisão de várias casas decimais e estabelecer que o primeiro é ligeiramente mais leve do que doze núcleos de hidrogênio nele combinados, se não aceitarmos provisoriamente o ponto de vista de que tais partículas são algo real de modo totalmente concreto? Isso é tanto mais conveniente e evidente que não podemos abandoná-lo, do mesmo modo que o químico não pode renunciar às suas ligações de valência, embora saiba perfeitamente bem que elas constituem uma drástica simplificação

65

de uma situação mecânico-ondulatória inteiramente envolvida.

Se me perguntarem: O que são de fato essas partículas, esses átomos e moléculas? Devo admitir que conheço tão pouco a seu respeito como a origem do segundo jumento de Sancho Pança. Entretanto, para dizer algo, mesmo que não seja algo importante: Eles podem talvez no máximo ser pensados como criações mais ou menos temporárias dentro do campo de ondas, cuja estrutura e variedade estrutural, no sentido mais amplo do termo, são tão clara e agudamente determinados por meio das leis de onda na medida em que reaparecem sempre do mesmo modo, que devem ocorrer *como se* fossem uma realidade material permanente. Devemos considerar a carga e a massa exatamente especificável de partículas como elementos de forma (Gestalt) determinados pelas leis de onda. A *conservação* da carga e da massa em larga escala deve ser tida como um efeito estatístico, baseado na "lei dos grandes números".

REFLEXÕES DE UM
CIENTISTA EUROPEU

1. *Introdução*

Quando pensei no que poderia dizer da Física na Europa ou dos físicos na Europa ou dos físicos europeus a fim de interessar um auditório de não-físicos, vi-me diante de uma tarefa tão difícil que quase renunciei à tentativa. Pois as ciências naturais, e sobretudo a física, são em sua essência internacionais. Não podem ser restringidas pelos limites de regiões particulares ou continentes. Há apenas uma solução: falar-lhes não da física ou de sua história — cuja maior parte ocorreu na Europa — mas da história do mundo vista por um físico e do papel desempenhado pela Europa.

Usarei um método cujo emprego nós físicos censuramos, mas que deu provas de notáveis realizações no reino das ciências. Trata-se do método que consiste em simplificar o pensamento acentuando apenas um aspecto dos fatos. Gostaria de ver a imagem multicolorida da história através de lentes coloridas que deixam passar apenas uma tonalidade, mas uma tonalidade fundamental; destarte, a gente ganha em clareza o que perde em riqueza.

2. *Energia, um fator histórico*

Examinemos a Europa do ponto de vista de sua evolução tecnológica. Sustento ser essencial considerar a energia à disposição do homem como um dos fatores preponderantes na história da humanidade. Assim, pode-se dividir a história em dois grandes períodos: o primeiro estendendo-se de Adão até os dias de hoje, e o segundo começando em nossos dias e encaminhando-se para o futuro. O momento decisivo é a transição do uso da energia solar para a exploração das fontes de energia de origem puramente terrestre. Considero que a transformação que está ocorrendo ante nossos olhos é um fenômeno de significação incomensurável que de modo algum se compara com algo que tenha acontecido até os dias de hoje. É cabível estudar tal evolução no cenário de nossas discussões européias, pois ela tem sido sobretudo um fenômeno europeu. Irei demonstrar este fato estabelecendo em primeiro lugar as bases fisicotécnicas que nos proporcionarão um alicerce para o entendimento do curso da história.

Sobre a terra toda energia se baseia fundamentalmente em processos que ocorrem no núcleo do átomo.

A vida é mantida sobre a terra graças à radiação solar, e tal radiação é a expressão da energia produzida pelos processos nucleares localizados no sol.

Há quinze anos mais ou menos, o homem não possuía outra energia à sua disposição exceto a do sol, armazenada pela atmosfera e pelas plantas. Do ponto de vista da energia, o homem estava ainda no primeiro período da história. Tal período divide-se em três capítulos com respeito à energia, que estão claramente definidos: o primeiro, das eras mais distantes até a arma de fogo; o segundo, da arma de fogo até a máquina a vapor; o terceiro, até o primeiro reator atômico em 1942, ano crítico que assinala o início de uma nova era.

3. *Estrutura do átomo e energia atômica*

Gostaria antes de tudo de examinar brevemente a questão do ponto de vista do físico. Hoje as linhas gerais da teoria atômica são do conhecimento comum. Todo mundo sabe que a matéria é composta de átomos com um diâmetro medindo aproximadamente um décimo milionésimo de milímetro. Mas o nome átomo, de origem grega, constitui um erro, não é indivisível. É formado de núcleos pequeníssimos carregados com eletricidade positiva, e é cercado de uma nuvem de elétrons negativos, com um número tal que o todo é eletricamente neutro. A massa do elétron é de cerca de 1.800 vezes menor que o mais leve dos núcleos, ou seja, o núcleo do hidrogênio. Este último é chamado próton, e a sua carga é a mesma que a do elétron a menos do sinal. Os núcleos dos outros átomos são aglomerados compactos de prótons e nêutrons; os nêutrons são partículas desprovidas de carga com massa quase igual à dos prótons. Estes dois tipos de partículas denominam-se núcleons. Átomos cujos núcleos possuem o mesmo número de prótons têm uma nuvem idêntica de elétrons, e é por isso que apresentam uma ação externa semelhante, ainda que o número de nêutrons contidos em seus respectivos núcleos difira e as suas massas sejam, por conseguinte, diferentes. Tais átomos quimicamente idênticos chamam-se isótopos; os elementos químicos são misturas de isótopos.

Todas as propriedades físicas e químicas da matéria estão condicionadas por fenômenos localizados nas nuvens de elétrons; todos os processos radiativos, tanto naturais quanto artificiais, são fenômenos localizados nos núcleos dos átomos.

Os núcleos encontram-se protegidos por suas nuvens de elétrons. Daí por que só ultimamente, apenas há cinqüenta anos, os físicos foram capazes de atingi-los. O diâmetro das nuvens de elétrons, na ordem de tamanho, é cerca de 10.000 vezes maior do que o dos núcleos. Em contraste, a energia que liga um elétron à sua nuvem é muito menor (de 100.000 a 1 milhão de vezes menor) que a energia de ligação que retém um núcleon no núcleo.

Amiúde perguntam-me por que precisamente a menor partícula transporta a maior energia. Uma análise pormenorizada do fenômeno nos levaria demasiado longe. Talvez seja suficiente referir à lei da atração de Newton, bem conhecida de todos, segundo a qual duas massas, como, por exemplo, o Sol e um planeta, se atraem com uma força inversamente proporcional ao quadrado da distância entre eles. O trabalho necessário para mover os dois corpos de sua posição inicial e levá-los a uma distância tal que a força se torne desprezível é denominado energia de ligação na posição inicial. No caso da lei de Newton, é inversamente proporcional ao quadrado da distância em uma dada posição. Se a terra estivesse situada em uma

70

órbita mais próxima do Sol, da metade da atual, ela estaria ligada ao Sol por uma energia quatro vezes mais poderosa.

Segundo Coulomb, essas mesmas leis governam as forças de atração e repulsão entre partículas carregadas eletricamente. Como os prótons e os elétrons são carregados, pode-se verificar imediatamente que a contribuição das forças elétricas à energia de ligação deve ser infinitamente maior para os prótons, estreitamente concentrados no núcleo, do que para a nuvem de elétrons, situada a uma certa distância do núcleo.

Mas isso não é tudo. Os prótons apresentam-se todos carregados do mesmo modo (positivamente), e portanto se repelem uns aos outros. Para que a formação do núcleo seja possível, deve haver forças de outra natureza, de pequena potência, de modo a provocar atração entre os núcleons.

Eis portanto a razão pela qual mencionei essas forças em conexão com o tema "Europa". As experiências que nos permitiram explicar a estrutura do átomo têm sido executadas por europeus e americanos. A interpretação teórica, ou seja, o feito de reduzir tais observações a simples leis fundamentais, tem sido quase inteiramente trabalho dos europeus. É quase impossível citar nomes sem fornecer a história da física moderna. Mencionarei apenas dois trabalhadores: Rutherford, que fez pesquisas experimentais acerca da estrutura do átomo — núcleo e nuvem — e Niels Bohr, que estabeleceu a teoria da nuvem de elétrons e deduziu de conhecidas constantes naturais o fator, mencionado acima, do tamanho da ordem de 10.000. Quando Bohr estava procurando formular sua teoria quantitativa da estrutura do átomo, ele voltou-se para as duas grandes idéias condutoras da física moderna: a teoria da relatividade de Einstein e a teoria quântica de Planck. Ambas são tipicamente representativas do pensamento europeu, e o seu significado vai além das ciências naturais, penetrando no campo da filosofia.

Não será característica de nossa era que a interpretação das forças nucleares de potência leve, de que falei há pouco, se deva a uma personalidade não-européia, o japonês Yukawa (1935), cuja obra se baseia nas duas grandes teorias acima citadas? Yukawa abriu perspectivas amplas e completamente novas para a física ao revelar a existência de partículas de vida curta denominadas mésons, com uma massa entre a do elétron e a do próton. Desde então várias espécies de partículas desse tipo têm sido de fato descobertas. O estudo delas — que provavelmente resolverá o mistério da origem da matéria — será certamente a tarefa mais importante que o físico do futuro terá de enfrentar.

Não é exagero afirmar que a mais européia de todas as criações da mente humana, afora a música polifônica, é a física teórica, que não possui equivalente em outras civilizações. Yukawa aboliu tal monopólio.

4. *Transformação nuclear e radiação solar*

Após tais incursões no domínio da física, voltemos às nossas considerações históricas sobre a energia.

Quando eu estudava física e astronomia há cinqüenta e cinco anos, a fonte de energia, constantemente irradiada das estrelas, era considerada inexplicável. Todos os processos conhecidos, por exemplo, a transformação da energia de gravitação em calor por contração (como foi evidenciada por Helmholtz), não podiam explicar tudo. A radiatividade acabava de ser descoberta. Admitiu-se muito cedo que os processos radiativos, ou seja, os mesmos que as transformações nucleares no interior das estrelas, podiam produzir a energia necessária. Entretanto, só em 1938 Bethe e von Weiszacker chegaram independentemente à solução correta.

Os núcleos pequenos são instáveis no sentido de que tendem a fundir-se em outros maiores, liberando energia. Por exemplo, o núcleo de hélio, o segundo na ordem dos pesos atômicos, compõe-se de dois prótons e de dois nêutrons. Mas é tão improvável que essas quatro partículas infinitesimais sejam capazes de se unir em um dado momento que isto não ocorre diretamente, mesmo na parte mais comprimida da matéria, no centro da estrela. Isto só é possível por meio de um processo complicado, através de outras partículas que atuam como catalisadores químicos. Aqui estão as conclusões a que chegaram os pesquisadores acima nomeados.

O Sol, como todas as estrelas, brilha devido a esse processo de fusão. Uma pequena parte da radiação solar alcança a Terra e fornece a energia à qual devemos nossas condições meteorológicas e a possibilidade de vida em nosso planeta. O calor produzido pela radiação mantém líquida a água dos oceanos, exceto nas regiões polares, e põe em movimento o ciclo meteorológico: água — nuvem — chuva — rio — mar etc.

As plantas absorvem e assimilam certas ondas curtas de radiação. O que ocorre então é um processo fotoquímico complicado, ou seja, um reagrupamento dos elétrons em nuvens que envolvem grupos de átomos. A energia assim transformada, por átomo, é infinitesimal em comparação com a produzida em cada fusão no interior do Sol; a energia é reduzida a quase nada pela sua passagem pelo Sol e sua propagação no espaço. Entretanto, é esta energia químico-vegetal que mantém toda a vida sobre a terra e com a qual o homem se tem contentado até os nossos dias.

5. *Primeiro capítulo da era química: a idade natural*

As fontes de energia que o homem tinha à sua disposição no primeiro capítulo de sua história, que podemos denominar de "estado natural", eram a sua própria força muscular e a de seus animais domésticos. A elas, adicionou, graças a uma modesta contribuição do ciclo meteorológico, moinhos de água e moinhos de vento para o trabalho e barcos a vela para o transporte. Do ponto de vista das ciências naturais, é exatamente essa fonte natural de energia muscular que tem sido menos compreendida. Ela consiste numa transformação de energia química (ou seja, um reagrupamento das camadas de elétrons de grupos de átomos) em um movimento mecânico brusco, sem um aumento apreciável de temperatura. Os nossos laboratórios conhecem tais processos apenas em aparelhos de forma primitiva, como as baterias elétricas. O que ocorre no organismo é extraordinariamente complexo e sutil. Um eminente biólogo contou-me recentemente que na sua opinião uma imitação técnica desse processo seria equivalente à produção sintética da substância viva.

No estado natural o homem vive, do ponto de vista da energia, não de seu capital mas de seu rendimento, e o seu rendimento — radiação solar — está distribuído por toda parte, embora irregularmente, de acordo com as zonas.

Dada a universalidade das condições naturais de vida sobre a terra, tais condições são de importância secundária na evolução da história, embora outros fatores sejam decisivos: geografia, caráter nacional e personalidade. Destarte, os historiadores consideram em geral o problema da energia como um fator conhecido e volvem a sua atenção para outras coisas.

Tal atitude pode justificar-se no âmbito do período natural, mas torna-se errónea, e mesmo perigosa, em nossa própria era. Ocorreram grandes reviravoltas e, se as considerarmos como apêndice ao capítulo das condições econômicas ou questões culturais, não as avaliaremos de modo adequado.

Durante esse período a Europa não desempenhou um papel que a distinguisse particularmente de outros continentes: ela também teve suas guerras e tratados de paz, seus príncipes e heróis, suas constituições e revoluções, suas filosofias, suas religiões, suas artes e ciências, e tudo o que isso implica. Mas mesmo nessa época um fenômeno colocou a Europa à parte: o aparecimento dos gregos, que conceberam o pensamento livre e independente. Os gregos, sem qualquer intenção de fazer um uso prático e imediato dele, procuraram descobrir a natureza do mundo e foram os primeiros a adquirir um conhecimento profundo de matemática e ciências naturais. Por certo, tal conhecimento foi subseqüentemente esquecido, mas foi redescoberto quando começou o verdadeiro florescimento da Europa, um milênio depois.

6. *Segundo capítulo da era química: a idade de transição*

Costuma-se dizer que a pólvora foi inventada na China, onde, parece, era utilizada comumente nos agradáveis espetáculos pirotécnicos.

Quando apareceu na Europa no século XII ou XIII, foi imediatamente utilizada para fins bélicos.

Coloco-a à frente do segundo capítulo da era química porque representa a primeira utilização da energia química não armazenada no músculo vivo. Considero-a símbolo do espírito europeu, tal como se manifestou a partir de então, caracterizado pela perspicácia no espírito da invenção, pela necessidade de expansão que, a despeito dos ensinamentos do cristianismo — algumas vezes mesmo em seu nome — não hesitou diante de qualquer violência.

75

Trata-se de um período de transição e desenvolvimento tumultuoso. É difícil distinguir os elementos espirituais dos materiais, pois, se não fosse possível superar as tradições religiosas e filosóficas, o prodigioso progresso na pesquisa científica que ocorreu no curso desses séculos seria inconcebível. De outro lado, o êxito da pesquisa científica contribuiu para romper com os dogmas ultrapassados.

Com as grandes viagens de descobrimentos, a esfericidade da Terra tornou-se uma realidade, e o europeu, com os seus cânones, converteu-se no dono do mundo, pois acreditava que a Terra fosse o centro do cosmo. Mas Copérnico destronou a Terra e fê-la um mero planeta entre muitos outros. Isso mal perturbou a auto-suficiência do europeu; na ciência encontrou uma compensação para a perda de sua superioridade imaginária. Não lhe ofereceu a ciência a solução para o enigma dos céus e, pouco depois, para o da natureza terrestre? A mecânica nasceu do estudo do movimento planetário, que por sua vez deu poderoso impulso à física. Do misticismo medieval da alquimia surgiu a química como ciência exata. Nos fins do século XVIII, após o período de preparo, a máquina a vapor foi inventada.

Durante todos esses séculos de descobertas e invenções, as fontes de energia permaneceram as mesmas que nos primórdios da história. Todo o trabalho continuou a ser feito pelos músculos do homem e pelos animais domésticos auxiliados por moinhos de água e de vento.

7   *Terceiro capítulo da era química: a idade dos combustíveis fósseis*

Então chegou a vez de uma transformação radical. A máquina a vapor dependia do carvão, que era utilizado como combustível na Inglaterra quando as antigas florestas já tinham sido devastadas, em especial para satisfazer a insaciável demanda de madeira para a construção naval. As primeiras máquinas a vapor foram usadas para bombear água nas minas de carvão. Elas próprias consumiam carvão em quantidades sempre crescentes e destarte viviam à custa do capital de energia depositada na Terra pelo Sol no curso de centenas de milhões de anos, sob forma de sucessivas gerações de florestas que foram decompostas, queimadas e transformadas em carvão. A produção anual de energia mecânica cresceu então rapidamente e transformou as condições humanas na Europa Ocidental. Os sociólogos falam de uma revolução industrial, o que constitui um termo inexato, pois o que ocorreu de fato foi uma revolução na exploração da energia. Tudo o que se seguiu foi apenas um fruto dessa transformação. Até então o homem em seu trabalho possuía apenas um "homem-potência" à sua disposição. A partir de então veio a ser dotado de um número cada vez maior de "cavalo-potência" [1]. Tal número cresceu de ano para ano e difere de uma região para outra. É de longe o maior de todos nos Estados Unidos da América do Norte: presentemente um operário possui em média cerca de 40 cavalos-vapor sob seu comando. Isso é acompanhado de um aumento na produção de bens e uma elevação do nível de vida.

De início, entretanto, essa nova riqueza ia para os bolsos dos empregadores, enquanto se deteriorava a situação das massas e foram necessários longos anos e revoluções políticas antes que melhorasse o bem-estar geral. Mas não cabe a mim tratar dessas modificações na estrutura social. Eu gostaria de assinalar apenas algumas características desse período.

(1) "Cavalo-vapor."

A primeira se relaciona com a influência recíproca entre avanço tecnológico e ciência. A invenção da máquina a vapor ocorreu antes que se desenvolvesse a teoria que explica o princípio sobre o qual ela funciona. Mesmo a noção de energia que ora proporciona a explicação dessa máquina e que tomo como base com a liberdade e a familiaridade próprias do físico, a fim de dar um quadro geral da história da humanidade, tal noção não foi desenvolvida sistematicamente sob a direção do princípio da equivalência entre calor e energia mecânica até cinqüenta anos após o invento. Mais tarde, essa teoria, completada por um segundo conceito fundamental, o da entropia, contribuiu grandemente para o aperfeiçoamento da máquina a vapor. Semelhantes trocas recíprocas continuaram com o progresso tecnológico e científico em todos os campos da pesquisa e da indústria, onde comprovaram o seu valor.

Como segundo ponto, gostaria de mencionar uns poucos exemplos principais dessa ação recíproca no domínio da eletricidade e da química. Graças à tecnologia elétrica, a energia tornou-se transportável e converteu-se em uma comodidade; a química, por outro lado, libertou o homem de sua dependência dos materiais naturais. Já não é possível enumerar as inovações a que o mundo desde então assistiu. Setenta anos atrás, quando eu era criança, as bicicletas ainda não eram de uso comum. Hoje temos aviões supersônicos. Continuo maravilhado quando compreendo que esta era técnica conta por ora apenas o dobro de minha própria idade e que as mais prodigiosas descobertas apareceram na sua segunda metade, aquela em que vivi. O mais surpreendente de tudo é talvez o triunfo da medicina, ilustrada pelo fato, entre outros, de que ela dobrou a média do tempo da vida humana. Em 1900, quando meu pai faleceu aos cinqüenta anos de idade, ele era considerado quase velho; encontro-me agora com setenta e cinco anos e, como podem ver, ainda florescente! Do mesmo modo, não posso afirmar que me sinta à vontade, no mundo de hoje.

O terceiro ponto que desejo considerar se refere ao combustível líquido: petróleo. É extraído da terra em grandes quantidades e tornou-se, portanto, um fator importante na luta política e econômica pela supremacia mundial. Mas, se os nossos depósitos de petróleo não existissem, provavelmente não haveria menos ônibus e aviões, pois as gerações anteriores já teriam aprendido como extrair líquido combustível do carvão.

Que era realmente fantástica foi a dos últimos cento e cinqüenta anos, em cujo transcurso ocorreu a exploração de petróleo e do carvão! Considerada de um ponto de vista imparcial, foi grandiosa, quer pelas suas conquistas, quer pelo caráter evidentemente absurdo de seus empreendimentos. É evidente que uma dada reserva de boas coisas deve eventualmente chegar ao fim se alguém daí retira constantemente, e este fim sobrevirá tão mais depressa quanto mais for retirado da reserva. Europeus, inclusive russos e americanos de origem européia, têm vivido dia a dia sem encarar o futuro. Estenderam e consolidaram sua dominação sobre outros povos, por meio de seus canhões. Após as guerras napoleônicas estavam tão ocupados com seus empreendimentos coloniais que a paz reinou entre eles. Os meados do século XIX constituíram um dos raros períodos de paz prolongada na Europa. Mas as nações européias logo começaram a brigar de novo na própria Europa, por causa do botim de suas possessões coloniais e de antigos problemas de hegemonia e fronteiras. Os exércitos gradualmente se tornaram mecanizados e industrializados como todos os outros setores da vida.

Cresceram conseqüentemente os horrores da guerra e assistimos aos resultados: a Europa devastada por duas grandes guerras e despojada de seu domínio político no mundo — embora muitas nações se recusem ainda a acreditar nisso. As duas grandes potências de hoje, os Estados Unidos da América e a União Soviética, continuam o velho e perigoso jogo dos poderes políticos, agora intensificados por sua oposição ideológica — capitalismo liberal *versus* comunismo totalitário — uma oposição que se assemelha às lutas religiosas dos séculos passados pelo fanatismo dos dois adversários, ambos convencidos de que o certo está inteiramente de seu lado.

Para mim, a característica mais chocante da era de cujo fim somos testemunhas é a maneira irresponsável pela qual a humanidade está explorando o combustível fóssil — carvão e petróleo — até o amargo fim, pois estes são as próprias fontes de seu poder e grandeza. O poderoso desenvolvimento ocorrido graças à exploração dessas fontes de energia suscitou um otimismo, uma fé que se mostrou relutante em reconhecer qualquer limite no progresso. Na Europa esta fé foi profundamente abalada pelas duas guerras mundiais, mas não na América ou na Rússia. E já há quinze anos passados esta crença não tinha fundamento. Quanto mais rapidamente cresceu a população do globo, mais esgotadas ficaram as jazidas de carvão e petróleo. Na Europa, América e Austrália, o progresso na higiene e na medicina foi responsável pelo aumento demográfico. Povos de outras regiões da Terra, em número cada vez maior, sobretudo as imensas populações da China e da Índia, aspiravam a um padrão de vida mais alto e começaram a se industrializar. Descobriram-se cada vez mais depósitos de carvão e de petróleo e tornou-se desnecessária qualquer preocupação com respeito às décadas vindouras — ou talvez séculos.

Mas o naturalista encara a civilização de hoje como um breve interlúdio ao termo de um longo período —

meio milhão de anos — na história do homem, sendo o último período por sua vez apenas um interlúdio de um minuto no infindo milhão de anos da evolução da vida na Terra. O naturalista deve, de fato, ter o direito de aplicar outra medida e observar que a fé da humanidade na longa dominação sobre o mundo permaneceu, até há pouco tempo, em uma base muito frágil.

8. *Primeiro capítulo da era atômica: fissão nuclear*

A fim de explicar esse título é suficiente relembrar que o grande físico Lorde Rutherford, o pai da pesquisa nuclear contemporânea, que descobriu o núcleo do átomo, estava ainda convencido, até a época de sua morte, em 1937, de que jamais seria possível utilizar as imensas reservas de energia acumulada no núcleo. Estava enganado. Dois anos mais tarde, em 1939, um de seus discípulos, que como Rutherford se dedicara à pesquisa desinteressada tal como a concebiam os gregos, o alemão Otto Hahn, com o seu colaborador Strassman, realizou a experiência decisiva, sem ter a consciência de seu significado total. Provavelmente seria necessário um bom número de anos para que esta descoberta fôsse utilizada para fins técnicos, se a Segunda Guerra Mundial não houvesse irrompido e acelerado a pesquisa, à maneira de um catalisador químico. Tais fatos são tão bem conhecidos atualmente que é desnecessário repeti-los. Gostaria apenas de fazer dois comentários sobre o assunto.

O primeiro concerne à natureza física da nova fonte de energia. Não consiste de um processo de fusão provocado pela energia solar, mas de uma divisão ou fissão de núcleos pesados. O princípio é facilmente compreensível. Já expliquei antes que a coesão dos núcleos dentro do núcleo não se justifica através de forças elétricas porque, em primeiro lugar, todos os prótons estão carregados (positivamente) e portanto se repelem mutuamente, e, em segundo, porque os nêutrons no interior do núcleon não são afetados por forças elétricas. Descrevi como Yukawa, a partir dos princípios fundamentais da física moderna, deduziu a existência de novos tipos de forças de curto alcance e relacionou a sua presença com uma nova espécie de partícula, méson. Tais forças reveladas por Yukawa afetam apenas as vizinhanças imediatas, enquanto a força elétrica de repulsão pode alcançar grandes distâncias e atuar também sobre núcleos ulteriormente removidos. Assim é possível compreender que para os núcleos grandes a força elétrica repulsiva, a despeito de sua relativa fraqueza, assuma primazia e evite que núcleos acima de certo tamanho sejam estáveis. É isso que ocorre com o elemento urânio que contém 92 prótons. Ficou estabelecido que um de seus isótopos — não o mais comum, que tem 146 nêutrons — mas um que é consideravelmente mais raro e possui 143 nêutrons, torna-se instável quando absorve um nêutron externo e se divide então em duas partes, aproximadamente iguais, libertando ao mesmo tempo energia poderosa. Por esse meio, são expelidos inúmeros nêutrons isolados que provocarão, por seu turno, a fissão de outros átomos de uranio. Assim se forma uma cascata de fissão, ou uma cadeia de reação. Tal é o fenômeno que se utiliza nos reatores de urânio a fim de produzir energia e que constituiu a base da primeira bomba atômica.

A minha segunda observação concerne ao papel desempenhado pela Europa nessa ocasião. Os primeiros passos decisivos, ou seja, a descoberta da própria fissão nuclear, a sua interpretação teórica e a possibilidade de ela provocar uma reação em cadeia foi, sem exceção, o trabalho de pesquisadores europeus ou de origem européia nos Estados Unidos; a sua consumação psicotécnica foi fruto da determinação e organização americanas.

O lado trágico dessa descoberta foi a primeira aplicação deste novo poder usado como uma arma de potência inimaginável. Voltaremos a isso mais tarde. Logo depois da guerra a produção de energia começou e hoje vários reatores de urânio já se encontram em funcionamento em diversas regiões, e numerosos outros estão em construção.

A matéria-prima necessária para a produção dessa energia, urânio e tório, como o carvão e o petróleo, existe apenas em quantidades limitadas, suficiente, entretanto, para retardar por muitos séculos a catástrofe que a exaustão das fontes de energia poderia criar.

A Inglaterra, a terra onde foi inventada a máquina a vapor, é uma das nações industriais mais ameaçadas pela exaustão das reservas carboníferas. Encontra-se agora na vanguarda do desenvolvimento dos reatores de urânio, que lhe permitirá, espero, manter a sua posição no mundo. Muitos países carentes de carvão e petróleo e portanto, de indústria, planejam atualmente industrializar-se por meio de fábricas que empreguem o urânio como força motora. E já o próximo estágio está assumindo forma, quando quantidades praticamente ilimitadas de matéria-prima nuclear serão postas à nossa disposição.

9. *Segundo capítulo da era atômica: fusão nuclear*

O homem já logrou reproduzir na Terra o processo de fusão (elevando para quatro o número de núcleos no núcleo do hélio) que é responsável pela energia das estrêlas. Uma bomba de urânio foi usada como detonador; as prodigiosas pressões e temperaturas que se produziram após a explosão por fissão bastam para provocar a reação de fusão. Mais uma vez, como nos casos da pólvora e da bomba de urânio, a guerra, ou pelo menos preparativos para a guerra, constituíram as causas indiretas do progresso tecnológico.

A história da bomba de hidrogênio é perfeitamente conhecida e faz-se desnecessário rememorá-la. A bomba é o fator decisivo na luta pela supremacia entre as grandes potências mundiais, os Estados Unidos e a União Soviética. A Europa não participou dessa batalha até que a Grã-Bretanha começou a fabricar bombas H. No início, pareceu ser uma invenção puramente diabólica, porquanto se desconheciam os meios de tornar mais lenta a reação de fusão. Mas logo foram descobertos métodos que em pouco tempo provavelmente permitirão ao homem dominar os chamados processos termonucleares. Caso seja bem sucedido, a humanidade estará liberta de todos os cuidados com respeito às suas reservas de energia por um período de tempo que não mais há de ser computado em séculos, porém em períodos geológicos. De fato, a matéria-prima é um isótopo de hidrogênio que se pode extrair da água do mar, e os oceanos devem durar tanto quanto a raça humana na face da terra.

Deste modo, o homem ver-se-á mais uma vez em uma posição sadia; viverá das reservas da energia cósmica, quase tão inexauríveis como a energia solar. Mas esse novo estado diferenciar-se-á do estado natural — que prevaleceu durante o primeiro período da história da energia — em três pontos essenciais:

Primeiro, será um estado artificial que poderá subsistir apenas mediante o uso permanente dos meios técnicos mais intrincados e a colaboração internacional.

Segundo, o emprego judicioso desses meios deve assegurar um estado de riqueza material. A energia à disposição do trabalhador deixará de ser a pequena quantidade suprida por seus músculos e retirada de seu alimento diário, tornando-se uma quantidade ilimitada à qual lhe será dado apelar, como por um golpe de mágica, graças ao seu cérebro, à ciência, à tecnologia e à organização.

Terceiro, haverá um estado extremamente instável com perigos inerentes de uma magnitude· completamente diversa dos do período pré-técnico. As catástrofes provocadas pelas guerras e revoluções do passado envolviam ou devastavam apenas regiões limitadas; no futuro, uma catástrofe política significará a autodestruição da civilização, talvez de toda a humanidade e talvez mesmo da vida na terra.

10. *Perspectivas*

Façamos agora o resumo. As realizações práticas e intelectuais da Europa tornaram o homem independente do parco rendimento da energia solar que a natureza lhe conferiu. O europeu descobriu a energia solar acumulada durante o curso do tempo — os combustíveis fósseis — e, atraído pela armadilha da riqueza, ele a esbanjou sem medida a fim de desenvolver uma civilização que abarcasse toda a humanidade. No entanto, na sua busca de lucro material, não esqueceu por inteiro o espírito grego que lhe imprimira o impulso inicial; e continuou a dedicar-se à pesquisa desinteressada, capacitando-nos assim a evitar a carência a que a exaustão dos combustíveis fósseis nos levaria: nossa salvação provirá do uso da energia nuclear de origem cósmica que se apresenta na própria terra.

Assim como Prometeu teve de expiar por haver roubado o fogo dos deuses e tê-lo entregado ao homem, uma maldição recaiu sobre as realizações do homem contemporâneo por haver acendido o fogo cósmico na terra. A era atômica abriu-se, de fato, com terrível destruição e chacina a granel, e jamais será desencantada a sombra que o próprio nome de bomba atômica lança sobre a alegria e a esperança de vida.

Tal é o ponto a que os cientistas chegaram. Agora cumpre a todos nós, sem exceção, e não apenas aos políticos, evitar um cataclismo. Nós, físicos, temos por dever informar e advertir os estadistas e fazer tudo o que pudermos a fim de influenciar suas decisões. Este é o objetivo dessa tentativa de uma explanação científica da história do mundo e do papel que a Europa desempenhou nela. O maior perigo para o futuro procede daqueles que se recusam a reconhecer que a era nascente difere por completo do passado. Enumerei suas três características essenciais: a primeira, dispêndio em tecnologia, é um fardo. A segunda, o bem-estar material geral, é um escopo atraente — desde que não se constitua num fim em si. A terceira, a bomba atômica, é um perigo monstruoso. A questão, pois, é saber se não nos é possível obter o bem-estar sem o fardo e o perigo ou — se o fardo for inevitável — pelo menos sem o perigo. O trágico em nossa situação é que, segundo parece, a cadeia de eventos poderia ser diferente. Graças aos meios psicotécnicos seria possível contentarmo-nos com a energia solar sem recorrermos à energia nuclear terrestre. A força hidráulica, a primeira que surge à mente, seria entretanto insuficiente; se todos os sistemas hidrelétricos possíveis fossem postos em uso, seria coberta apenas uma percentagem mínima das necessidades. A exploração dos ventos também é assaz incerta. A utilização das marés está em estudos e promete resultados apreciáveis. De outro lado, a conversão direta dos raios solares em corrente elétrica com o auxílio de termo-elementos é uma possibilidade séria que tem sido estudada em particular pelos cientistas russos.

Citarei alguns dados que colhi numa publicação do físico russo Joffe: a energia solar enviada à Terra, no decurso de um único dia, corresponde aproximadamente à soma de todas as quantidades de energia que foram acumuladas na Terra sob todas as formas — carvão, petróleo, água — desde o início dos tempos. Isso demonstra que a pobreza da era natural não se devia a uma limitada quantidade de radiação mas ao efeito útil absolutamente mínimo dos fenômenos meteorológicos e do crescimento vegetal. Hoje, o rendimento das instalações termelétricas, mesmo das pequenas máquinas a vapor, é de 8 a 10%. Entretanto, para satisfazer o total das necessidades mundiais, seria preciso uma enorme superfície, equivalente a um quadrado de 30 milhas de lado, num deserto constantemente banhado de luz solar.

Mas, mesmo que esses projetos fossem realizados, não haveria meio de modificar a trágica situação a que chegamos com o lançamento das bombas de Hiroshima e Nagasaki. A guerra e o poder presidiram o nascimento da nova era. Malbaratamos uma dádiva do destino para matar e destruir. Pesa sobre nós uma maldição para sempre por esse ato de profanação.

Não lograremos escapar dessa situação com concepções políticas superadas. Diz-se amiúde que, quando se inventou a besta e a pólvora, já se profetizava o fim do mundo; sobrevivemo-las na medida em que possuímos dinamite, torpedos aéreos e napalm; do mesmo modo sobreviveremos às bombas A e H — ou no mínimo alguns dentre nós — se tomarmos as necessárias medidas protetoras, como esconderijos em cidades subterrâneas e outras precauções semelhantes. Os que falam desse modo parecem ser indivíduos loucos. Nós não somos toupeiras; as belezas da vida nos aprazem, o sol e as paisagens floridas que nos cercam. Não podemos escapar do perigo que nos ameaça se não mudarmos radicalmente o nosso modo de pensar. Mas grandes são as dificuldades, pois o mundo jamais esteve tão convulso quanto em nossos dias. Os povos da Ásia e da África desejam livrar-se do jugo do colonialismo

87

e rejeitar a influência da Europa. Nacionalismo, contrastes religiosos, tensões raciais, conflitos ideológicos, pondo em oposição, por exemplo, comunismo totalitário e capitalismo liberal, são mais agudos que nunca. Mas tais diferenças jamais se resolverão pelos velhos métodos de força. Uma nova guerra mundial significaria aniquilação total.

A Europa proporcionou o impulso original para as conquistas de nosso tempo com as suas invenções e descobertas, mas tais aquisições do espírito têm sido dirigidas exclusivamente no sentido do progresso material. Parece-me que a Europa deve mais uma vez orientar a evolução ética e política da humanidade e, para que seja bem sucedida, precisa começar a realizar a sua própria unificação.

Na minha capacidade de físico estou particularmente interessado em instituições européias que lidem diretamente com a pesquisa atômica, tais como a Euratom e o CERN, cujos laboratórios se localizam em Genebra. As dimensões colossais das máquinas aí instaladas comprovam que os menores produtos da natureza suprem as maiores quantidades de energia, e conseqüentemente o seu estudo acarreta grandes despesas no campo experimental. Trata-se de um bom sinal de solidariedade entre nações da Europa Ocidental o fato delas se terem associado a fim de levar avante um empreendimento que estava além das possibilidades de cada uma em particular.

A física por si não é apenas um fator de progresso material, mas também um elemento na evolução espiritual do homem. Em última análise, a oposição entre Leste e Oeste que preocupa o mundo de hoje se baseia em opiniões filosóficas e em modos de vida sujeitos à influência das ciências naturais. O marxismo ensina que a economia comunista é uma necessidade histórica e deriva o seu fanatismo dessa crença. Tal idéia proveio do determinismo físico, que por sua vez teve origem na mecânica celeste de Newton. Mas, sem dúvida, a física abandonou essa teoria há cerca de trinta anos. Em seu lugar, elaborou uma interpretação estatística das leis naturais que correspondesse melhor à realidade e a cuja luz parece grotesca a crença dos comunistas segundo a qual as previsões de Marx serão necessariamente realizadas. O pensamento americano, de seu lado, encontra-se à mercê de um pragmatismo superficial que confunde verdade e utilidade. Não posso aderir a ele. Creio, por exemplo, que as leis da física nuclear contêm grande parte de verdade, mas que apenas o futuro estará apto a nos dizer se finalmente elas serão úteis à humanidade ou se trarão apenas morte e destruição.

A Europa não está ligada a uma ou outra dessas doutrinas extremas e absurdas. Cremos que deve existir uma solução intermediária e razoável e que é inútil arriscar a existência da humanidade civilizada para assegurar o triunfo de uma doutrina ou de um sistema econômico. De minha parte, creio que o genocídio e a guerra devem ser condenados sob quaisquer circunstâncias, e pergunto se, no futuro, os políticos não mais recorrerão a tais meios. Mas, como confiei a mim próprio a tarefa de considerar, como físico, problemas históricos, ultrapassaria ainda mais a minha competência falar de filosofia moral ou mesmo de teologia. Mas gostaria de acrescentar, concluindo, que os problemas éticos oriundos do prodigioso crescimento do poder posto à disposição do homem me absorve tanto, se não mais, do que os problemas científicos e políticos.

OS MÉTODOS E LIMITES
DO CONHECIMENTO CIENTÍFICO

Convidado a falar-lhes na qualidade de físico, devo, me parece, assumir desde o início uma atitude científica. Resumirei, pois, a situação em que me encontro do seguinte modo: a ocasião que nos reúne traz o título de *Encontros Internacionais;* o assunto da palestra desta noite está relacionado com o conhecimento científico e ademais o tema geral deste encontro é: *O homem diante da ciência.* A partir dessas premissas, é claro que esperam da ciência, através de um de seus representantes, que ela vá ao encontro do homem, que ela se humanize de alguma maneira. Esforçar-me-ei por corresponder a essa expectativa e ao mesmo tempo solicitarei ao homem que está à minha frente, e que não é cientista, que tenha a bondade de dar alguns passos ao encontro da ciência.

Mas atenção, sejamos lógicos. A ciência é *do* homem, ninguém o nega. No entanto, eis que ele — ou ao menos uma fração da espécie humana que se considera assaz importante para arrogar alegremente a si o belo título de homem do qual se abusou talvez um pouco nesses últimos tempos — eis que encontramos o homem de súbito sentindo-se estranho à sua própria ciência. Não mais reconhece o seu filho que cresceu demasiado, que se tornou demasiado poderoso para ele. Não mais sabe o que fazer do poderio que a ciência lhe forneceu e chega mesmo a ter medo de fazer mau uso dele. O homem censura ao homem o acumular riquezas excessivas. Reprova-o por conduzi-lo demasiado depressa na exploração de um universo demasiado grande e que se tornou ao mesmo tempo demasiado acessível, demasiado dócil. Está sobrecarregado de muitas riquezas, o que teve por efeito tentá-lo a malbaratá-las ou mesmo a destruí-las. O homem teme os seus próprios sucessos, as suas próprias máquinas que se tornaram escravos mágicos, e o medo é péssimo conselheiro. Todavia, caros amigos, o que dizer? Não será uma situação muito humilhante para este homem que é de um lado feiticeiro poderoso e, de outro, aprendiz intimidado por seu próprio saber e aterrorizado pelo efeito do menor de seus gestos? Não será tempo de restabelecer uma harmonia, uma unidade na alma dilacerada desse homem? Não seria necessário para tanto lançar as bases de um novo humanismo, um humanismo que seria total por incluir a ciência e que tomaria o lugar do humanismo clássico, que era total, por sua vez, em sua época?

Mas esqueço que me encontro aqui como cientista e que devo começar por colocar corretamente o problema a fim de analisar a crise em questão.

Sinto-me tentado a repetir, uma vez mais, uma anedota que se ajusta muito bem ao início de uma exposição como a presente. É o caso bem conhecido que narra como Confúcio, interrogado por seu imperador com respeito a uma crise social inquietadora, respondeu: "Em caso de crise, devem-se reformar as denominações". Devemos fazer o mesmo com a crise a que assistimos. É essencial rever as denominações, isto é, tentar uma definição precisa do humanismo clássico ou do que ele representa e, de outra parte, da ciência.

Não escondo a mim mesmo que se trata de uma tarefa que ultrapassa de muito os meus meios. Por isso contentar-me-ei em propor-lhes um método, ou antes uma via de acesso a uma possível definição desses dois termos. Creio, primeiro, que o problema, tal como é formulado de hábito, ou seja, estaticamente, é insolúvel. Mais exatamente, os dados do problema não são, no caso, inteligíveis; exigem que introduzamos neles o aspecto dinâmico. Em outros termos, penso que não podemos emitir juízo sôbre a crise de nossa época se não começarmos por situá-la na perspectiva da evolução que a ela conduziu, evolução tomada no sentido mais lato, isto é, a que inclui a de todos os seres organizados que precederam o homem desde o aparecimento da vida na Terra. Não creiam que tento minimizar o problema de que sou convidado a falar-lhes, confrontando-o com as imensas perspectivas da evolução orgânica da história do mundo. Não, não! Ao contrário, pois penso que a situação atual, isto é, a situação criada pelo aparecimento da ciência, é tão nova quanto a que se apresentou por ocasião do surgimento da vida, ou do surgimento da linguagem articulada entre os animais. Creio que se trata de pontos críticos da evolução, não de descontinuidades, mas de mudanças de inclinação da curva.

Examinemos pois os princípios que presidiram a evolução dos seres organizados, a primeira que se produziu em nosso globo. Podemos distinguir três princípios diferentes, caracterizados pelas palavras manutenção, multiplicação e variação. Diviso geneticistas eminentes na primeira fila, espero que não me contradigam na discussão que se seguirá.

O ser organizado apresenta com efeito uma estrutura diferente da dos objetos naturais inanimados e é possível mostrar como a manutenção de uma tal organização, excepcional em sua complexidade, só pode realizar-se mediante luta constante contra as forças de destruição que tendem a instalar a desordem. Gostaria de citar a propósito a frase de um grande fisiólogo que, para definir a vida, dizia: "A vida é o conjunto das funções que se opõem à morte", isto é, que conservam um certo estado complexo de organização. De outra parte, toda a evolução viva baseia-se num princípio de reprodução idêntica. Não se pode pensar em evolução sem a multiplicação dos indivíduos em cada um de seus escalões. A introdução, no curso dessa multiplicação, de certas variações mais ou menos importantes permitirá passar do esquema estático da manutenção individual ao esquema dinâmico da evolução.

Detenhamo-nos por um instante na noção de manutenção que é talvez a mais importante. Semelhante manutenção está condicionada por certo grau de adaptação. Não há manutenção sem "adaptação" ao meio na qual o ser está situado — e tomaremos esse termo numa acepção muito larga. Diremos, por exemplo, que uma molécula que se mantém de maneira estável num gás ou numa solução sem mudar de estado está adaptada ao meio em que se encontra. Se o meio muda de temperatura, de constituição, e se a molécula cessa

94

de se lhe adaptar, ela será profundamente alterada ou até destruída. É claro que a necessidade de garantir a manutenção dessa correspondência entre a estrutura interna do ser e o meio ensejará uma seleção entre as variações, e chegamos assim ao darwinismo. Dentre as novas estruturas surgidas, aquelas que se apresentam suficientemente bem adaptadas ao meio se mantêm, realizando a seleção natural.

No curso da reprodução idêntica, é indispensável que o conjunto das estruturas internas em estado de adaptação, isto é, em correspondência com o meio, voltem a encontrar-se nos seus descendentes. Se a química orgânica permite ver no fenômeno da autocatálise de uma substância por si mesma — fenômeno em cujo transcurso uma molécula determina o aparecimento, em um meio apropriado, de outras moléculas idênticas — a imagem elementar da reprodução orgânica, não é possível conceber de maneira tão simples a reprodução de um ser de grande envergadura, cujas estruturas adaptativas envolvem um largo número de moléculas simultaneamente. Uma nova etapa vem então introduzir-se entre a da reprodução idêntica, confinada ao domínio molecular, e a do ser vivo de grande envergadura, adaptado ao meio. Essa etapa é a do desenvolvimento, que permite passar dos pormenores de uma estrutura molecular (como a dos cromossomos do ovo) a uma estrutura macroscópica, que seja a sede das funções fisiológicas. Esta passagem do molecular ao anatômico faz-se por uma série de traduções e amplificações.

Não é menos verdade que através da tradução do desenvolvimento — desenvolvimento que traduz as propriedades químicas moleculares dos genes e dos cromossomos em termos de fisiologia e anatomia — existe um sistema de correspondência entre os pormenores de estrutura das primeiras moléculas químicas e o meio exterior no qual o ser vivo deve desenvolver-se. Há correspondência entre as funções químicas das moléculas, ou melhor, do grupo de moléculas que forma o patrimônio hereditário — o "germe" dos seres vivos — e o meio externo, correspondência que se faz sentir graças apenas ao desenvolvimento e às funções fisiológicas e anatômicas que surgem por seu intermédio. Há uma tradução da química da molécula germinativa em têrmos fisiológicos, tradução que permite a adaptação ao meio.

Graças, podemos dizer, a essa tradução necessária, a evolução foi muito lenta. Cada vez que aparecia uma modificação química molecular na parte germinativa, era preciso aguardar que os desenvolvimentos se realizassem para que a tradução se tornasse sensível, ou seja, esperar que as variações na escala molecular surgissem sob a forma de novas estruturas anatômicas, fisiológicas do ser desenvolvido. É portanto seguro que o mecanismo da evolução deve ser grandemente acelerado quando esta etapa não for necessária, isto é, quando a reprodução idêntica se efetuar diretamente para todo o ser, como é o caso de certo número de sêres que me aventuro a denominar vivos, conquanto o Prof. Guyenot pense que êles não o são ainda inteiramente, a saber, os vírus. Trata-se, na realidade, de enormes moléculas orgânicas que se reproduzem diretamente por si mesmas num meio apropriado sem que constituam, por isso, um ser vivo mais considerável. Uma variação na química de uma dessas moléculas se faz sentir imediatamente na sua adaptação: conforme a variação, ela é diretamente mais ou menos adaptada ao meio e, em conseqüência, desaparece ou se multiplica. Concebe-se que a evolução deva processar-se mais ràpidamente neste caso.

Se é verdade, como já foi algumas vezes sugerido e como eu mesmo propus num livro recente, que a evolução das idéias apenas segue e prolonga a evolução dos seres vivos, e se podemos assumir de modo resoluto o ponto de vista do geneticista no estudo da evolução dessas idéias, talvez possamos tentar fundamentar sobre considerações genéticas dessa natureza uma distinção entre várias categorias de idéias — sinto-me tentado a afirmar: entre diferentes linhagens de idéias, uma vez que elas formam, na presente teoria, linhagens que, como as linhagens dos animais, se multiplicam ao passar de um cérebro ao outro. Povoam com uma população de idéias uma população de cérebros.

Deixemos de lado o mecanismo propriamente criador e concentremo-nos no dispositivo de seleção, aquele que vai interessar-nos esta noite, e que acarreta a intervenção da genética. Trata-se daquele que, entre as várias novidades surgidas no curso do trabalho do pensamento (ou idealização), efetuará uma escolha que comprometerá o futuro. Tal escolha deve levar em conta a imperiosa necessidade de reproduzir idéias em numerosas cópias nos cérebros dos homens, graças à linguagem articulada: é claro que uma idéia não-transmissível, isto é, que não se multiplica ao passar de um cérebro a outro, não pertence a uma dessas linhagens, qualquer que seja o seu caráter de utilidade. Mesmo que seja uma excelente idéia, se não for transmissível, morre com o seu criador.

Quando se fala de seleção, é necessário baseá-la sobre uma consideração precisa de critérios que a definam. Trata-se em geral de critérios de utilidade: assim o darwinismo se funda na utilidade de caracteres recém-surgidos. Mas são também algumas vezes critérios de satisfação de ordem mais sutil; veremos mais tarde algumas de suas aplicações. O tipo de seleção diferirá consideravelmente segundo se trate da utilidade relativa ao próprio indivíduo que possui a nova idéia (ou que a transmite) ou então relativa aos grupos que formam entre si os vários indivíduos da mesma espécie, ou ainda relativa enfim à espécie inteira. Em outros termos, e como caracterizamos a adaptação por uma correspondência precisa entre uma estrutura interna — que era a estrutura química no caso da molécula, estrutura física, fisiológica e anatômica no caso dos seres vivos, e aqui se trata de uma estrutura de idéia — e as condições externas, a adaptação deve efetuar-se, quer diretamente entre as idéias de um indivíduo e as condições do meio que o envolvem, quer indiretamente, por meio de um conjunto de indivíduos cujas idéias constituem então um patrimônio tradicional. Tais idéias próprias ao grupo acompanham o seu destino, quer êle prospere ou venha a periclitar.

Como os problemas da existência de um grupo são amiúde problemas de luta contra outros grupos de natureza semelhante, é natural que o conjunto das idéias selecionadas para fazer parte da tradição de um grupo exerçam sobretudo efeitos de reforço e consolidação desse próprio grupo. Em muitos casos, o indivíduo será deliberadamente sacrificado para a manutenção do grupo. Foi o que se passou no curso da seleção dos instintos entre os insetos sociais, para não falar dos homens, com a diferença de que no primeiro caso a seleção incidia sobre caracteres hereditários, e devia em cada instância esperar pelo completo desenvolvimento da sociedade (formigueiro ou colmeia) e antes de fazer sentir a sua ação indireta. Muitos dos caracteres hereditários do indivíduo, formiga ou abelha, são nocivos ao indivíduo como tal, porquanto deve às vezes sacrificar-se para defender a sua sociedade. Trata-se de uma disposição interna que é nefasta para o indivíduo, mas necessária à manutenção do grupo. O mesmo ocorre no caso das idéias que foram selecionadas com tais critérios coletivos. Semelhantes idéias são favoráveis à manutenção do grupo, mas podem perfeitamente ser nefastas, desfavoráveis, mortais, nocivas ao indivíduo, considerado como tal. Dentre as idéias que resultarão de uma seleção desse gênero, é necessário colocar as idéias do tipo moral. Elas incluirão mitos, histórias do folclore tradicional, em suma tudo aquilo que interessa ao grupo como tal. É necessário adicionar ainda uma tradição, que permite ao grupo obter, para os seus membros, um certo nível de existência.

Mas o ponto em que eu gostaria sobretudo de insistir é o seguinte: na seleção natural dos seres vivos, podemos afirmar que todo ser viável vive: os biólogos conhecem muitos exemplos de seres vivos que parecem muito mal-adaptados, como certas aves que possuem um bico excessivamente grande, ou ornamentos extraordinários; a paleontologia nos mostra a existência de grandes sáurios, portadores de escamas de peso enorme que deveriam dificultar-lhes consideravelmente os movimentos. O estudo da evolução apresenta numerosíssimos exemplos de espécies que, como resultado de um certo número de variações, acabam ficando cada vez menos adaptadas, mas que, na medida em que são viáveis, continuam a viver e a se reproduzir. Entretanto, surge um momento em que a espécie desaparece. Do mesmo modo podemos afirmar que toda idéia tradicional que se transmite facilmente, que não é nociva ao grupo no qual se encontra instalada, se mantém: ela é viável. Trata-se de uma seleção *ad minimum,* que suprime as idéias ou os conjuntos de idéias realmente nocivas, mas apenas aquelas, e que permite a subsistência de todas as idéias que estão acima de um certo *minimum* de adaptação. Assim como um caráter que se apresentou nefasto num indivíduo de uma espécie viva e provocou o desaparecimento desse indivíduo, pode subsistir perfeitamente no vizinho que não foi colocado nas mesmas condições, do mesmo modo uma idéia considerada falsa por um grupo de homens pode subsistir num grupo vizinho quando se trata de uma dessas idéias selecionadas sobre o grupo.

Vamos encontrar na categoria das idéias científicas caracteres radicalmente opostos aos que acabamos de descrever. Retomando a análise genética, podemos afirmar que as idéias científicas se comportam como uma linhagem cujos membros são rigorosamente semelhantes, pois descendem de um único par de ancestrais. Para que uma tal descendência seja realizável, é necessário que cada uma das idéias, cada um dos conceitos possa receber uma definição assaz rigorosa: a transmissão desta idéia pela linguagem articulada fornecerá sempre uma idéia idêntica entre cada um daqueles que a sustentam. Sabemos que os homens e os grupos de homens diferem profundamente uns dos outros; não é fácil, pois, encontrar padrões que possam servir de base a essas definições. Mas isto é possível quando se trata de idéias científicas, graças ao dispositivo de correspondência precisa entre estruturas internas e fatos externos. Tal correspondência exata, que permite fundamentar o rigor das idéias científicas, faz com que assumam, assim, um caráter objetivo. Elas serão então universais, isto é, serão o apanágio de toda a espécie humana, e não apenas de um grupo de indivíduos.

Mas toda moeda tem o seu reverso e a universalidade das idéias científicas, devida ao seu rigor e à sua constante comparação com o meio externo, acarreta-lhes extrema sensibilidade a numerosas causas de mortalidade. Retomando a terminologia genética de há pouco, quando dispomos de uma população cujos elementos todos são idênticos e quando as condições externas mudam de modo que um representante desta população morre, todos morrem. Igualmente, quando um conceito científico não é mais sustentável porque a correspondência com certas características do universo externo, sobre o qual se estriba, fica demonstrado como

100

falso por um homem e um só, este conceito é rejeitado por ele e deve sê-lo por todos os outros homens, tão logo tomem conhecimento da prova de sua incorreção. É em suma a morte que se multiplica, ou melhor, trata-se de uma nova idéia contraditória à primeira que se multiplica e toma o seu lugar. O rigor e a objetividade das idéias científicas consagram portanto, ao mesmo tempo, seu valor universal e sua sensibilidade à prova do contrário. Que diferença entre as idéias e os conceitos não científicos! Estes, que são o apanágio dos grupos, possuem robusta vitalidade, que devem essencialmente à sua subjetividade e também à sua falta de precisão: não podemos sequer aplicar-lhes a prova do contrário. Aliás, mesmo quando um homem está convencido da incorreção de uma dessas idéias, é incapaz de transmitir seguramente essa certeza aos seus semelhantes.

Muitas vezes foram ridicularizados os cientistas e suas construções mais ou menos abstratas, porque de ano para ano (e algumas vezes de dia para dia) viam-se cair algumas de suas hipóteses, substituídas por idéias consideradas melhores. Como dar crédito a esta ou àquela nova teoria, uma vez que a vemos substituir alegremente a teoria precedente que se encontra abandonada? Tal é o preço da objetividade e da universalidade. Inversamente, vemos idéias como aquelas que se encontram na base do espiritismo, da telepatia, da astrologia, resistir a todos os assaltos da ciência e a numerosas ministrações da prova do contrário. Essas não lhe são simplesmente sensíveis devido ao seu dispositivo de seleção. Há, atualmente, pessoas que aparecem nos laboratórios de física para falar de raios N. Contudo, trata-se no caso de resultados obtidos por homens de ciência, e cuja falsidade foi comprovada algum tempo depois; para os cientistas, tais acontecimentos são normais e não deixam dúvidas: abandonaram-se simplesmente tais idéias. Mas os não-cientistas não são sensíveis, de igual maneira, à prova do contrário, podendo continuar a falar de raios N, ou a desaprovar os raios mitogenéticos sem se inquietar. Inversamente, jamais verão um homem de ciência afirmar que o sistema de Ptolomeu proporciona o verdadeiro mecanismo do sistema solar.

Como se explica que o homem, no seu esforço de adaptação (isto é, repito-o, no seu esforço de estabelecer um sistema de correspondência preciso entre as suas idéias derivadas da estrutura interna e os fenômenos da natureza que o envolve), não tenha, desde o início, aplicado um sistema de seleção rigorosa que permitisse construir, de pronto, um sistema científico? Não que o homem primitivo, o homem dos períodos pré-históricos, não haja estabelecido certas correspondências precisas, universais e, por conseqüência, do tipo científico. Por exemplo, as que lhes permitiram desenvolver técnicas precisas (construção de instrumentos, dispositivos para a caça, para a pesca, para a agricultura). Mas tais correspondências precisas permaneceram isoladas, esporádicas, válidas cada qual em particular. Elas não formam um sistema geral, de modo que as contrapartidas interiores desses fenômenos naturais (as idéias) não se ligavam entre si. Eram transmitidas isoladamente, enquanto tais, de geração em geração, como espécies animais inteiramente separadas. A razão dessa falta de ligações internas explica-se facilmente pela extraordinária complexidade do dispositivo intelectual que, mais tarde, se mostrou necessário para realizá-las. Não se trata, com efeito, de ligar as idéias entre si por um mecanismo interior qualquer. É necessário que este se encontre em correspondência enquanto mecanismo exterior que une entre si os fenômenos a que se refere. Um paralelo exato deve ser estabelecido entre os dois.

Tal ligação só foi realizável após um estudo reflexivo de sua própria estrutura interna pelo próprio homem. Este estudo lhe permitiu descobrir quais eram os tipos de ligação que ele próprio podia estabelecer entre diferentes idéias científicas, e procurar entre tais dispositivos — autorizados por sua estrutura interna — aqueles que realizam um paralelo com as ligações existentes na natureza entre os correspondentes fenômenos externos. Este estudo longo e difícil é o da lógica e o da matemática. Por isso, antes que tal ligação avançasse demais, e para satisfazer a sede de sistema, o homem sacrificou a precisão e a objetividade das correspondências a favor do estabelecimento de ligações quaisquer entre suas idéias, desde que elas o satisfizessem. Os mitos, os mistérios, as teorias cosmogônicas da Antigüidade podiam, sem muito trabalho, satisfazer esse desejo de adaptação e, de outro lado, podiam resistir vitoriosamente a insucessos mesmo repetidos, porquanto não entravam na categoria das idéias científicas. Somente através dos grupos e das seleções desses grupos é que tais sistemas podiam finalmente ser um pouco selecionados.

Diante desses fatos não nos devemos propor imediatamente a questão inversa, isto é, perguntar por que o homem nem sempre se contentou em utilizar correspondências empíricas, mas reunidas umas às outras por um dispositivo qualquer, por que não se limitou a satisfazer sua necessidade de comunhão com o mundo por meio de sistemas interiores imprecisos, a vincular vagamente um certo número de idéias em correspondência com os fenômenos exteriores? Semelhante estado da humanidade durou, com efeito, desde o aparecimento das primeiras comunidades até o Renascimento, e só mudou verdadeiramente com o advento da era científica. Houve primeiro um desenvolvimento das técnicas empíricas que vinham aumentar, a cada ins-

103

tante, o número de correspondências isoladas entre as idéias e os fenômenos exteriores. E tal aumento de número tornava cada vez mais urgente o problema da relação entre si das idéias correspondentes, de suas relações *inteligíveis,* e levava ao desenvolvimento do estudo preciso de sua própria estrutura interna pelo espírito humano. Assim, o desenvolvimento dessas correspondências empíricas, de um lado, e os progressos do estudo do homem por ele mesmo, de outro, conduziram de súbito à concepção desse paralelismo entre o agrupamento de idéias interiores e o agrupamento de fenômenos exteriores. A comparação das cadeias causais entre fenômenos exteriores com as cadeias lógicas interiores das idéias que lhes correspondem constitui a bem dizer o sistema científico. Nada mais restava, em suma, senão aceitar o preço desse rigor e dessa precisão, ou seja, a mortalidade dos sistemas assim obtidos, sua sensibilidade fatal à prova do contrário.

Mas, mesmo admitindo todo esse mecanismo que acabo de descrever, coloca-se ainda um bom número de questões fundamentais. Assim, não nos cumpre indagar de onde vem essa sede de explicação, isto é, essa sede de adaptação? E trata-se de uma sede que pode estancar-se às vezes de uma forma tão derrisória, graças a alguns artifícios de linguagem ou de vagas analogias longínquas! Gostaria de citar a propósito um fato pessoal que me impressionou muito. Tendo proferido no *Centre Universitaire Méditerranéen,* em Nice, duas conferências sobre raios cósmicos (é inútil dizer que na segunda o público era menos numeroso do que na primeira), um dos ouvintes me procurou ao fim da palestra e me disse: "Gostaria de dizer-lhe o que penso da vida". Explicou-me então que concebia a vida como "turbilhões de raios cósmicos". Daí por que vinha falar-me disso. Como eu mostrasse um ar algo espantado, observou-me vivamente: "Não pretendo conven-

104

cê-lo, mas essa teoria me satisfaz; explico a mim mesmo a vida pelos turbilhões de raios cósmicos, e isso me contenta". Depois apressou-se em partir, no temor de que eu procurasse demonstrar-lhe a inanidade de sua teoria. Precisava falar-me para ter o prazer da sensação de exprimir uma vez mais a sua teoria; logo aprestou-se em guardar de novo o seu tesouro e fugir com ele. É estranho que a sede de adaptação do microcosmo e do macrocosmo seja tal que um homem possa satisfazer-se com três ou quatro palavras prestigiosas, mas quase tomadas ao acaso, com alguns termos sonoros, com os quais constrói sua vida interior.

Mas não é o tema desta noite procurar a razão dessa sede de conhecimento e de adaptação, e eu gostaria de voltar-me para uma outra questão muito importante, contida na simples constatação de que a ciência é possível. É possível encontrar cadeias internas de idéias adequadas à estrutura de nosso pensamento, porquanto constituem um sistema interior satisfatório, e que correspondem exatamente a encadeamentos de fenômenos observados externamente. Poderia suceder que isso não fosse viável. Não deveríamos ver nessa constatação uma prova da existência do mundo externo? E mesmo, devido à semelhança de estrutura entre o mundo e o nosso pensamento, uma prova da pertinência deste ao mundo externo? Se podemos determinar encadeamentos de estruturas interiores, subjetivamente satisfatórias e que, de outro lado, são paralelas aos encadeamentos objetivos dos fenômenos externos, não representaria isso um fundamento sadio para uma espécie de monismo — que aliás diferiria profundamente do materialismo demasiado estreito — e que nos salvaria talvez da ameaça de esquizofrenia intelectual que faz pairar sempre sobre nós a separação absoluta entre o mundo das coisas e do espírito?

105

Uma vez assim estabelecida a ciência na grande linha da evolução dos seres, talvez mesmo no vértice de sua adaptação cada vez mais complexa e precisa aos fenômenos que os envolvem, coloquemos a questão dos limites de seu domínio: aonde pode levar a evolução das idéias científicas? Será ela limitada em seu avanço e por quais princípios? De outra parte, as idéias científicas ladeiam constantemente todos os outros tipos de idéias e as interações são inevitáveis. Onde estão neste caso as fronteiras?

O primeiro problema, o do progresso da evolução, e de sua possível limitação, apresenta na realidade dois aspectos assaz distintos. Podemos perguntar-nos — e a pergunta surgiu com insistência — se a ciência pode continuar a avançar no ritmo atual, que é cada vez mais rápido. Não será ela obrigada a retardar seu avanço, ou talvez mesmo interrompê-lo, quando todos os fenômenos acessíveis ao homem estiverem ligados uns aos outros por teorias satisfatórias? De outro lado, e levando em conta que a complexidade de nossas idéias depende diretamente da estrutura e do modo de funcionamento de nosso cérebro, cabe perguntar se iremos reencontrar, no curso da construção de andaimes cada vez mais complexos, mais e mais refinados, um limite imposto por essa própria estrutura interior.

No que concerne ao possível esgotamento dos recursos da natureza, creio que não se deve alimentar inquietação a respeito, ou esperança, isso depende do ponto de vista! Em todo caso, não existe a menor indicação neste sentido. Novos domínios da ciência abrem-se a cada instante na física, na biologia, na química, sem mencionar as ciências do homem que mal se acham esboçadas. No entanto, a ciência descobriu sozinha alguns limites naturais que restringem o domínio acessível ao homem.

A astrofísica, por exemplo, revelou que uma parte do universo nos será inacessível para sempre, quaisquer que sejam os meios empregados na tentativa de conhecê-lo. Refiro-me à porção situada muito além de nós e que, graças ao fenômeno da expansão, se afasta de nós com enorme velocidade. A observação das estrelas ou das nebulosas cada vez mais distantes da Terra mostra, pelo deslocamento do espectro de sua luz, que elas se afastam de nós cada vez mais rapidamente e proporcionalmente à distância. Há portanto uma distância a partir da qual os corpos celestes se afastam de nós tão velozmente que sua luz não nos pode atingir, o que não contradiz o princípio da relatividade. Não podemos pois receber delas nenhuma mensagem luminosa e tampouco lhes enviar alguma. Trata-se na verdade de uma parte do universo de cuja existência temos certeza, mas que nos é completamente inacessível. Certas nebulosas encontram-se inteiramente no limite, vão cair do outro lado desse horizonte de novo estilo, são aquelas que se afastam tão depressa de nós que sua luz já assumiu uma coloração vermelha, e o físico sabe, bastando para tanto ver o espectro dessa luz, que elas hão de bem depressa desaparecer para sempre. Bem depressa, isto é, dentro de alguns milhões de anos.

Após essa limitação prática do conhecimento do universo, partamos para um exemplo mais abstrato. Já foram propostas algumas vezes teorias satisfatórias para reunir e explicar muitos fenômenos diversos. Acontece infelizmente que a verificação de certas teorias exigiria condições que não podemos realizar, como observações muito precisas durante um tempo muito longo, por exemplo, um bilhão de anos. Isso também está fora de nosso alcance, embora eu não pretenda com isso afirmar que, dentro de um milhão de anos,

107

não haja mais homens sobre a terra. Talvez essas 'eorias sejam justas, mas não nos podemos permitir julgá-las completamente.

Afora alguns casos especiais desse gênero, todos os profetas que quiseram, uns após outros, interditar à ciência um domínio qualquer da natureza, foram sempre desmentidos pelos fatos. Citarei apenas um exemplo, o da química. Disseram a Berthelot que, a despeito dos progressos que imprimia à química, ele não fabricaria substâncias orgânicas, porque era apanágio da vida. Contudo, logo depois ele fez a síntese do acetileno e do álcool. Após o que, a barreira suposta foi deslocada e o açúcar é que foi interditado aos químicos. Todavia Fischer efetuou a síntese dos açúcares. Deveríamos deter-nos nas proteínas? Não, pois os químicos lograram ligar os aminoácidos uns aos outros, e logo mais fabricaremos essa ou aquela proteína à vontade. Não há, *a priori,* domínio "interdito" à ciência. O que é certamente mais provável é que a ciência será cada vez menos acessível, no seu conjunto, a um único homem, e que se fará necessário inventar métodos de apresentação sintéticos cada vez mais poderosos para permitir, ao menos a alguns, visões gerais. O sábio do futuro não sonhará em possuir ainda *toda* a ciência. Não terá necessidade disso, se as construções teóricas forem assaz amplas para reduzir a sínteses acessíveis todo o essencial da ciência.

A questão da estrutura é muito mais séria, e talvez na matemática já tenhamos tocado o fundo. A nossa faculdade de representação é a primeira a ser superada, sem nos privar da possibilidade de raciocinar. Podemos, por exemplo, definir e estudar os hiperespaços a n dimensões que não dão lugar a representações concretas. Pergunto-me, aliás, se a crise — tal e o termo que se empregou — das partículas e das ondas não é um exemplo dessa dificuldade. Não é im-

108

possível que o conjunto desses fenômenos que queremos explicar não possa ser integrado em um sistema único por nossa estrutura interior; que esta nos permita apenas integrá-la num certo aspecto, graças a um sistema de correspondências, o dos corpúsculos e a seguir um outro, graças a um outro sistema, o das ondas. Não podemos talvez integrar a totalidade do conjunto de um só golpe com um único conjunto interior. Se nos vemos limitados por este lado, isso não quer dizer que estamos inteiramente impedidos de raciocinar com justeza, mas que não podemos raciocinar sobre todos os aspectos de uma só vez, com um só sistema de correspondência: necessitamos de vários para reconstituir o sistema total.

Embora eu houvesse dito, há pouco, que nenhum domínio está vedado à ciência, isto não quer dizer que a ciência resolverá todos os problemas e responderá a todas as questões. Muitas vezes, os problemas são colocados em termos contraditórios, e não têm solução porque não têm sentido. Ou então violam as leis da natureza nas suas próprias premissas. Muitas vezes também, a resposta nos deixa inteiramente insatisfeitos, como ocorre quando a ciência nos responde por uma probabilidade lá onde esperamos uma certeza. Se ela não nos satisfaz, nos dá todavia uma resposta, e que é a única possível.

Após examinar os possíveis limites da ciência, chego agora ao exame de suas relações fronteiriças com outras formas da atividade do espírito humano. E, em primeiro lugar, a ação sobre o mundo externo. Enquanto os animais se contentam em explorar do melhor modo possível a adaptação de seus corpos às condições em que se encontram, o homem continua essa adaptação. Ele a faz de uma parte graças à constituição de um sistema de idéias em correspondência com todos os aspectos do universo, e de outra, modificando o meio que o cerca, a fim de levá-lo a uma harmonia melhor com a sua própria estrutura interna. Os animais também atuam sobre o seu meio ambiente para torná-lo mais hospitaleiro, mas eles atuam sempre segundo o mesmo plano fixado por cada espécie pela hereditariedade e pelos instintos. Aqui também o homem se evade da evolução orgânica e contribui com elementos novos por criação individual, e isto segundo duas linhas de evolução de significados bem diversos.

Uma corresponde à produção artística; ela permite dar a certos aspectos do mundo externo uma forma que se acha em correspondência direta com certos elementos interiores que fazem parte de nosso patrimônio afetivo, como as lembranças, associações de valor sentimental, ou mesmo com as necessidades vitais como a fome ou o sono. O artista faz do mundo que o envolve, mundo que, sem ser deliberadamente hostil, é normalmente indiferente, senão inamistoso, um mundo hospitalar no qual reconhecemos a cada instante a projeção de nossa própria estrutura interna, graças às suas construções. Vemos, às vezes, paisagens que podem ser de grande beleza mas com um matiz de angústia por causa de sua selvageria. Tais paisagens um Le Nôtre pode transformá-las em parques. Ele traça caminhos, faz florescer os matagais, isola as grandes árvores nos relvados, coloca estátuas e bancos que convidam ao repouso. A paisagem converteu-se em um universo humanizado em seus pormenores assim como em suas grandes linhas. Nisso é que consiste o papel da arte

A outra direção em que o mundo pode modificar--se é a da técnica. A correspondência entre os objetos fabricados pelo técnico e a estrutura interior do homem já não é desta vez uma correspondência direta, pois passa através de uma atividade de seu corpo. A máquina permite ao homem fazer melhor, mais depres-

110

sa, com menos gasto de energia, aquilo que ele poderia tentar fazer com os exclusivos recursos de seu corpo. E isso se desenvolve cada vez mais através dos graus da hierarquia das máquinas, desde a ferramenta mais simples até o grande instrumento para o cálculo rápido ou o transporte a grandes distâncias.

Deixando de lado o problema da relação da arte e das técnicas, voltemo-nos para o das relações entre as ciências e os ensinamentos da moral. O modo costumeiro de se tratar esta questão é essencialmente negativo. A ciência, dizem, não é normativa, ela não pode propiciar nenhum imperativo categórico, cabendo somente às considerações de valores morais ou religiosos o privilégio de guiar o homem em suas decisões. Quando muito, concedem à ciência o direito de ajudar com o seu poderio àquele que vai agir a fim de que esteja em condições melhores de aplicar com conhecimento de causa a regra imperativa que lhe incumbe seguir. A maioria dos representantes da ciência adotam deliberadamente esta atitude, por negativa que seja, porque ela lhes permite destarte evadir-se de um problema muito grave e que os preocupa muito.

Desde algum tempo desenvolveu-se no conjunto do público uma tendência a considerar muito particularmente os aspectos nefastos das aplicações da técnica científica e a atribuir-lhes uma espécie de virtude infernal. A ciência, como tal, seria responsável pelas destruições das guerras mundiais; foi ela que introduziu no armamento estas pavorosas novidades denominadas gases asfixiantes e bomba atômica. Os cientistas que quiseram defender a sua ciência contra semelhantes acusações se contentaram então em entrincheirar--se por trás da opinião geralmente admitida que retira à ciência todo acesso aos valores morais, deixando-lhe apenas como função a de aumentar o poder do homem sobre a natureza. Em se retirando assim, em se re-

111

cusando ao contato, podem evitar resposta às questões que lhes propomos. Um homem armado, afirmam, é sempre perigoso. Haverá uma grande diferença entre uma cidade inteira passada a fio de espada, saqueada, queimada pela soldadesca como se fazia há um ou dois séculos, e alguns milhares de vidas destruídas abruptamente por uma bomba atômica durante um bombardeio aéreo? O que de fato conta são as ideologias que se encontram na base da ação humana: crueldade, sentimentos violentos. O instrumento utilizado pelo homem que deseja praticar o mal tem somente uma importância secundária. Os dois domínios foram separados e todo mundo parece satisfeito.

No caso, contudo, trata-se apenas de uma posição de defesa, de uma posição negativa. Não será possível ir além na pesquisa da síntese entre os elementos que determinam a ação dos homens? Não nos devemos contentar com uma derrota desse gênero que consagraria aquilo que podemos qualificar de esquizofrenia, dividindo o nosso cérebro em duas partes. Proponho que a referida síntese que reuniria os dois elementos seja obtida, não atribuindo à ciência um papel normativo, isto é, estendendo o domínio da ciência em direção ao da moral, mas, ao contrário, reconduzindo o papel desta última para ações de caráter informativo, ou seja, em direção à ciência. Este ponto de vista, aliás, não é novo, porém não foi considerado com suficiente rigor para ser verdadeiramente eficaz.

No fundo, o problema põe em causa o papel do livre arbítrio. Se o homem, para cada uma de suas ações, pode efetuar uma escolha, ele a fará à luz de um certo número de elementos de informação. Dentre eles figuram os elementos da informação racional, científica, aos quais ninguém contestará este papel. Mas aí figuram também elementos morais. Assim, o temor pela reprovação de outrem ou o desejo de ser admira-

112

do. Isso não quer dizer que o homem não atuará senão sob imperio do medo do inferno, da prisão ou do desdém de seus próximos. Amiúde o caráter coercitivo dessa informação foi esquecido porque este está perdido em um passado por demais longínquo. Não deixou senão uma espécie de reflexo condicionado. Agimos sob a influência de um impulso que não racionalizamos e que sentimos como um imperativo categórico, mas que constitui de fato uma informação mais antiga, quer porque ela nos foi dada durante a nossa educação, quer porque ela foi dada aos nossos mestres que a seguir nos transmitiram este imperativo. Trata-se em suma de reflexos condicionados que se tornaram automatismos tradicionais. Nestas condições, será realmente possível estabelecer um limite bem definido entre as informações de caráter científico e as informações de caráter moral cujo conjunto define a atmosfera no seio da qual um homem deve tomar as suas decisões?

Parece-me que poderíamos extrair dos princípios expostos no início desta conferência, e que constituem uma espécie de genética das idéias, um critério de distinção, desde que queiramos considerar não apenas o estado presente mas a evolução que a precedeu.

Vimos que as idéias científicas eram selecionadas de modo a permitir uma correspondência precisa, universal com os fenômenos naturais, independente do grupo do qual o homem faz parte, nem de sua formação tradicional, dependendo apenas da natureza deste homem e da estrutura de seu cérebro. Ao contrário, as idéias de tipo moral foram selecionadas através do ou dos grupos do qual fez parte a pessoa considerada, ou do qual fizeram parte seus ancestrais ou os seus mestres. Significa que esta idéia não apresenta correspondência precisa, universal, com os fenômenos exteriores, mas que são as suas repercussões sobre o comporta-

113

mento dos grupos que estão em correspondência com o universo e que adaptam estes grupos ao meio em que se situam.

Não gostaria de ter o ar de quem resolve, graças a alguns poucos sofismas, a questão do conflito entre a moral e a ciência; por isso lhes proponho apenas simples indicações do método. Parece-me que se colocou mal o problema, procurando aproximar a ciência da moral, isto é, tentando edificar sobre os conhecimentos científicos preceitos e regras de caráter normativo. Sugiro, ao contrário, que aproximemos moral e ciência, dando-lhes, por meio da teoria genética das idéias morais, seu caráter informativo, atual ou passado. Se aceitamos o desaparecimento dos imperativos categóricos, se admitimos que o homem se encontra sempre de posse de uma certa margem de liberdade e que a sua escolha definitiva se baseia em uma informação mais ou menos mascarada e algumas vezes passada ao estado de reflexo, o problema será, senão resolvido, ao menos colocado sobre bases que não interditem a esperança de construir no futuro uma solução aceitável.

Mas dou-me conta de que esteja talvez abusando do privilégio insigne que a qualidade de conferencista concede, privilégio de poder falar sem ser interrompido ou contradito, sem ser desviado de seu caminho por intervenções, previstas ou imprevistas. Muitos dentre os senhores devem estar pensando neste momento: com respeito à informação, de acordo, mas os *valores?* É por seu intermédio que se faz sentir a qualidade normativa da moral. São eles que orientam a decisão do homem, depois de prestada toda a informação e de ele ter pesado o pró e o contra. Essa análise passa ao lado do essencial.

Discutiremos sem dúvida este problema durante os debates que se seguirão, mas quero aqui defender-me

114

apenas do pecado da omissão. Não esqueci os valores, se ainda não os mencionei. O que tenho a dizer a respeito pode parecer a muitos tão escandaloso que me inquieta formulá-lo diante dos senhores. Para abrandar este grande escândalo, quero prepará-los mediante um escandalo menor cujos termos aliás não são meus: amiúde a filosofia nada mais tem sido que uma ciência fóssil. São idéias de tipo científico, que perderam esta qualidade porque nós as aceitamos por demasiado tempo sem discussão, e que acabamos por não mais pô-las em dúvida. Tornaram-se respeitáveis e belas como velhos, mas velhos dos quais não mais recebemos nem esperamos ensinamentos novos. Eis o primeiro escândalo: e agora, como Flamíneo, estou danado e posso portanto me permitir não importa o quê. Passemos aos valores.

Os valores são em geral informações fósseis. São idéias de tipo moral e mesmo idéias de tipo racional que envelheceram em nós mesmos desde a nossa juventude e envelheceram também em nosso grupo desde a sua introdução. Tornaram-se respeitáveis, indiscutíveis, sagradas. Como não mais podemos reencontrar sua origem, apresentam-se de súbito como transcendentais. Uma comparação com a psicanálise nos poderá ser de ajuda no caso. Um paciente vai submeter-se a uma análise: ele tem impulsos incoercíveis que transcendem a sua vontade e contra os quais nada pode fazer. Trata-se de imperativos *a priori* aos quais não resiste. O médico lhe explica o método psicanalítico e descobre a origem desses impulsos em um passado longínquo, ou bastante próximo, mas em todo caso esquecido. Ele a coloca em evidência e traz à luz, de algum modo, essa informação fossilizada, cuja origem estava perdida para o próprio paciente. Tão logo o paciente compreenda que este impulso *a priori* que sentia como algo mágico e que o obrigava a agir não é

115

outra coisa senão uma informação antiga resultante de acontecimentos que ele esqueceu, estará curado. Talvez seja necessário, a fim de que nos curemos de certos valores, redescobrir as suas, origens claramente. Aliás, nós os substituiríamos imediatamente por outros, que a nossa informação atual nos levaria a construir para nos guiar em nossas ações. Se nossos descendentes esquecem essas informações, essas razões presentes que nos impeliram a escolher este ou aquele caminho e a aceitar as injunções sem considerar de onde elas provinham, irão reconstruir valores incompreensíveis, aos quais obedecerão por respeito ao sagrado.

Tomemos um exemplo. Os médicos descobriram processos de anestesia que tornam indolores muitas operações. Tentaram então aplicar estes métodos aos partos e, como os resultados não foram desde o início perfeitos, houve pessoas que os acusaram de destruir um valor, porque a mulher deve dar à luz na dor. Tendo esta dor, neste caso especial, um valor particular, não se deveria diminuí-la artificialmente. No entanto, a medicina progrediu e a descoberta de meios inofensivos, tanto para a mulher como para a criança, permitem até obter partos mais satisfatórios. Em conseqüência e felizmente para as mães, já se renunciou quase em toda parte a este tabu.

Uma objeção que é feita amiúde à idéia de um desenvolvimento da informação científica às expensas de um domínio que era até o presente reservado a considerações de outra ordem, reside na extrema complexidade das situações nas quais um homem se pode ver colocado por causa de sua pertinência a um ou vários grupos. Quando se trata de medir uma grandeza física, basta um instrumento conveniente, acerca do qual todo o mundo esteja de acordo: vemos um amperímetro, lemos uma indicação. Mas se for preciso levar em conta a interdependência de diferentes personalidades, de capacidades corporais, mentais, de diversas pessoas, calcular as conseqüências através de uma hierarquia administrativa ou familial de tal ou qual ação, não será mais possível utilizar um método de tipo científico que forneça a informação correta, e a experiência não será de nenhuma ajuda, pois se trata de uma experiência única para cada qual, de uma situação única. Sem pretender resolver ou indicar as vias para a solução dessas questões, gostaria de citar-lhes o exemplo de um caso no qual foi recentemente demonstrado que, se envidarmos o estorço necessário, a informação científica pode ocupar um lugar muito mais importante do que aquele que até hoje se lhe reservou; quero referir-me à introdução da pesquisa operacional entre os elementos de decisão do comando militar.

Numerosos chefes de guerra recorreram a técnicos e a cientistas a fim de informar-se das condições em que se apresentava uma ação defensiva ou ofensiva. Na pesquisa operacional, trata-se de uma fusão profunda de todas as idéias científicas ou para-científicas espalhadas entre as teorias militares a fim de introduzir na informação apresentada ao comando elementos quantitativos precisos. Antes de mais nada, lembro que as conclusões da pesquisa operacional se apresentam exatamente como uma informação, uma vez que estão contidas em um relatório depositado sobre a secretária do comandante-chefe. Após o que, os cientistas que efetuaram a pesquisa deixam ao comando o julgamento das ações que deve empreender segundo a informação dada. Não há, de parte da ciência, nenhum imperativo categórico. Lembro, em segundo lugar, que as conclusões da pesquisa operacional apenas são fornecidas ao comando após uma indagação aprofundada no curso da qual os cientistas procuram incluir *todos* os elementos sem exceção, capazes de intervir a fim de assegurar o êxito dos empreendimentos. É preciso que o cientista rompa todas as barreiras hierárquicas, pois coloca no mesmo plano as respostas do simples soldado, do general ou mesmo do civil... Nenhum processo, nenhuma instituição, nenhum conselho deve permanecer-lhe fechado e somente da base de uma síntese de todos os elementos significativos por ele reunidos o pesquisador poderá por fim extrair uma conclusão dotada de solidez e objetividade suficientes. Vale notar que os cientistas mais bem sucedidos nesta tarefa difícil não são necessariamente os que abordam as ciências mais abstratas. Não são os matemáticos, mas, ao contrário, os biólogos que se mostraram talvez mais eficazes. É porque estão mais acostumados a incluir em suas considerações um número enorme de parâmetros de valor desigual. Em muitos casos, foram eles que forneceram a solução justa, bem afastada, contudo, do tipo de consideração biológica. Foi um cientista que indicou a dimensão dos comboios que era preciso formar com os barcos escoltados quando atravessam o Atlântico, e não um marinheiro ou um militar. O sucesso foi tal que o método se estendeu a atividades bem diversas, como a produção industrial, por exemplo. Também aí não se trata exatamente de fazer tábula rasa de toda a tradição, mas de incluir tais elementos tradicionais, com o seu valor psicológico, a mesmo título que os elementos puramente científicos, isto é, considerá-los objetivamente, admitir sua natureza variável e propor suas transformações.

É possível, infelizmente, que, assim como a pesquisa operacional foi considerada puramente escandalosa em seus métodos e em suas conclusões por inúmeros militares, a introdução do método e do espírito científico no *total dos elementos intervenientes* numa situação humana seja intolerável para muitos. Todavia, devemos permitir que se estabeleçam compartimentos

118

estanques, como os por mim citados, há pouco, entre a informação científica e a informação não-científica, sem tentar, por um esforço de unificação, estabelecer entre os diferentes tipos de informação possibilidades de comparação e uma influência recíproca?

A coisa não parece tão difícil no que concerne às relações entre a informação de tipo científico e a que provém do funcionamento fisiológico de nossos órgãos, ou seja, os dados sensíveis. Um estudo dos reflexos inatos ou condicionados, pesquisas sobre a' influência das secreções internas sobre a atividade do espírito já integram o programa científico de muitos laboratórios e institutos. Cabe esperar, assim, um conhecimento preciso e científico do conjunto dessas influências e seu tratamento objetivo. A questão que se coloca é saber até onde se deve tentar contrabater algumas das informações naturais assim reconhecidas, por meio de informações científicas, o que praticamos, por exemplo, quando ingerimos um remédio muito amargo. A informação natural indica: "Isso é ruim" e nos faz cuspir, enquanto a informação científica nos diz: "É preciso engoli-lo porque vai curá-lo..." Podemos imaginar que assim se criaria um dispositivo de inibição perfeitamente racional e que poderia tornar-se muito eficaz. É provável que o estudo conduzisse também a reconhecer a necessidade de deixar que certas ações se produzam livremente sob a influência de informações do tipo natural, do tipo físico, a fim de manter um funcionamento adequado. Foi o que se descreveu amiúde sob o nome de "válvulas de segurança".

Na aventura de Ulisses com as sereias encontramos aliás um precedente notório. A informação racional, científica, o conduziu a ensurdecer toda a tripulação de seu barco. Mas como a informação sensorial o tentasse a escutar apesar disso, e a sua inteligência o levasse a prever os seus próprios impulsos

119

desarrazoados, pôs-se em condições tais que nenhum dano poderia daí resultar. Tal qual Ulisses, metemo-nos de tempos em tempos em uma situação em que não podemos fazer bobagens antes de retirar a cera de nossas orelhas e escutar as sereias. Retomamos um contato apaixonado com a selvageria de nossa natureza primitiva, mas, se estamos muito bem firmados, nada de irremediável poderá ocorrer.

O problema é bem mais profundo quando se trata de relações entre a informação científica e a que está contida na tradição dos grupos e que constitui a base de seu funcionamento social. Não basta mais tapar as orelhas e desenvolver inibições a fim de poder resistir às solicitações de uma das formas de informação, sob a condição de dar férias a si mesmo de tempos em tempos. A vida comum nos apresenta a cada instante contradições entre os conselhos da razão científica e as diretivas da tradição. A maneira racional consistiria primeiro em apear de seus pedestais numerosos valores transcendentes para confrontá-los em pé de igualdade com os outros "parâmetros" científicos ou sensíveis. A escolha racional se apresentaria então, amiúde, de maneira bastante clara. Todavia, em última análise, não restará ao menos um valor muito geral que determine a decisão, algumas vezes a despeito de nós? Eu mesmo propus uma ética da criação que manteria o homem na grande linha da evolução para a adaptação recíproca do microcosmo e do macrocosmo, graças às idéias científicas, aos inventos, às artes. Mas pode-se não apreciar esta *evolução* algo vertiginosa e preferir os valores estáveis e não menos reais da manutenção. Não é no fim de contas o temperamento que determina a orientação? E este temperamento não nos reconduz à genética e à fisiologia?

Qualquer que seja, porém, a resposta a todas essas indagações, gostaria apenas de ter-lhes mostrado uma

120

vez mais quão bela tarefa é possível consignar a um humanismo total do futuro: a de dar, enfim, ao homem uma unidade que ele sem dúvida só possuiu uma vez, bem no início de sua evolução, quando os seus reflexos fisiológicos atuavam sozinhos. Naquela ocasião não tinha angústia, pois obedecia apenas a seus instintos. Foi, talvez, uma era de ouro, na qual o homem ainda não se colocava problemas! Se existiu uma era de ouro em um passado longínquo, é possível encará-la também para o futuro, mas desta vez ela não será baseada nas necessidades elementares, porém realmente no pensamento.

FILOSOFIA DA CIÊNCIA NA PERSPECTIVA

Problemas da Física Moderna, Max Born e outros (D009)
Teoria e Realidade, Mario Bunge (D072)
A Prova de Gödel, Ernest Nagel e James R. Newman (D075)
A Estrutura das Revoluções Científicas, Thomas S. Kuhn (D115)
Física e Filosofia, Mario Bunge (D165)
A Criação Científica, Abraham Moles (E003)
A Mente Segundo Dennett, João de Fernandes Teixeira (BB)
Arteciência, Roland de Azeredo Campos (BB)
Caçando a Realidade, Mario Bunge (BB)
Diálogos sobre o Conhecimento, Paul K. Feyerabend (BB)
Dicionário de Filosofia, Mário Bunge (BB)
Em Torno da Mente, Ana Carolina Guedes Pereira (BB)
MetaMat! Em Busca do Ômega, Gregory Chaitin (BB)
O Breve Lapso entre o Ovo e a Galinha, Mariano Sigman (BB)
O Mundo e o Homem, José Goldemberg (BB)
O Tempo das Redes, Fábio Duarte, Carlos Quandt, Queila Souza (orgs.) (BB)
O Universo Vermelho, Halton Arp (BB)
Prematuridade na Descoberta Científica, Ernest B. Hook (BB)
Uma Nova Física, André Koch Torres Assis (BB)
Mario Schenberg: Entre-Vistas, Gita K. Guinsburg e José L. Goldfarb (org.) (LSC)

COLEÇÃO DEBATES
(últimos lançamentos)

324. *Judaísmo, Reflexões e Vivências*, Anatol Rosenfeld.
325. *Dramaturgia de Televisão*, Renata Pallottini.
326. *Brecht e o Teatro Épico*, Anatol Rosenfeld.
327. *Teatro no Brasil*, Ruggero Jacobbi.
328. *40 Questões Para Um Papel*, Jurij Alschitz.
329. *Teatro Brasileiro: Ideias de uma História*, J. Guinsburg e Rosangela Patriota.
330. *Dramaturgia: A Construção da Personagem*, Renata Pallottini.
331. *Caminhante, Não Há Caminho. Só Rastros*, Ana Cristina Colla.
332. *Ensaios de Atuação*, Renato Ferracini.
333. *A Vertical do Papel*, Jurij Alschitz
334. *Máscara e Personagem: O Judeu no Teatro Brasileiro*, Maria Augusta de Toledo Bergerman
335. *Razão de Estado e Outros Estados da Razão*, Roberto Romano
336. *Teatro em Crise*, Anatol Rosenfeld
337. *A Tradução Como Manipulação*, Cyril Aslanov
339. *Teoria da Alteridade Jurídica*, Carlos Eduardo Nicolletti Camillo
340. *Estética e Teatro Alemão*, Anatol Rosenfel

Este livro foi impresso na cidade de Cotia
nas oficinas da Meta Brasil,
para a editora Perspectiva.